KB008256

아파트가 어때서

아파트가 어때서

양동신 지음

문명과 사회를 바라보는 관점을 바꾸다

SIDEWAYS

서문

중·고등학교 시절 어느 수련회에 가서 토론을 한 기억이 있다. 당시 주제는 인류 문명이 나아지고 있는가 후퇴하고 있는가에 대한 것이었다. 그때 수련회의 자리에 지배적으로 깔린 분위기는 후퇴하고 있다는 것이었고, 나는 선택의 타이밍을 놓쳐 억지로 나아지고 있다는 편에 서서 토론을 시작했다. 내키지는 않았지만 본래 토론이라는 것이 꼭 이기려고 한다는 것보다는 설득의 방법과 논리를 익히며 다양한 사고를 습득하는 과정이 중요할 테니 열심히 준비를 해봤다.

하지만 토론이 시작되고 나는 여지없이 밀리기 시작했다. 인류 문명이 후퇴하고 있다고 주장하는 쪽의 논리는 최근 발생하고 있는 범죄, 자연재해, 양극화, 입시문제 등에 대한 것이었다. 나는 딱히 이에 대한 반박을 제대로 하지 못하고 결국 토론의 패자가 되었다. 이십 년이 훌쩍 넘은 작금의 시점에서 그때의 토론에 대한 기억을 되살려보면 살짝 웃음이 나온다. 현재 나는 충분히 인류 문명을 후퇴가 아닌 진보의 관점으로 설명할 수 있기 때문이다. 어쩌면 이 책의 모든 내용은 바로 그때 제시하지 못한 자료와 사례, 근거들의 모음들일지도 모르겠다.

스웨덴의 석학인 한스 로슬링의 세계적인 베스트셀러 『팩트풀니스(Factfulness)』를 잠시 살펴보자. 이 책에 따르면 전 세계에서 영양부족을 겪는 인구의 비율은 1970년대 28%를 기록했지만, 2015년에는 11%로 줄어들었다. 아동 사망의 비율은 1800년도에 전체 인구 대비 44%에서 2016년에는 4%로 줄어들었고, 1인당 이산화황 배출량은 1970년에 38kg이었지만 2010년에는 14kg로 감소했다.[1]

이를 우리나라의 케이스로 가져와보면 어떨까. 우리나라가 기록한 1998년 사고성 사망만인율은 2.19명에서 2019년 0.46명으로 떨어졌으며, 신생아 사망률은 1993년 0.66%에서 2018년 0.16%로 감소했다. 1인당 실질 국민총소득 기준으로 1990년 약 1,100만 원이었던 우리 국민의 소득은 2018년에 이르러 약 3,500만 원으로 늘어났다.[2] 거의 모든 지표가 과거에 비해 좋아지고 있는 것이다.

그럼에도 우리는 과거를 회상하며 그때가 더 좋았다는 생각을 하기도 하고, 현재를 불행하다고 인식하는 것에 익숙하다. 이러한 관성적 사고는 왜 생기게 되었는가. 정답은 없겠지만 아마도 기업이든 학교든 종교든 현재 상태가 좋다고 여기면 발전이 없다는 생각이 내재되어 있기 때문이 아닌가 싶다.

어느 기업이든 작년보다 올해 매출이 높아야 하고, 내년 이익은 올해보다 높아야 한다. 내년 사업계획 목표를 올해보다 나쁘게, 혹은 적자 전환으로 계획할 회사는 거의 없을 것이다. 그런가 하면 학교는 언제나 학생들에게 현재보다 나은 성적을 요구하기 마련이고, 종교의 경우는 애초에 성악설로 시작되어 인간의 나약함을 꼬집으며 행복과 안정을 얻기 위해 기도에 정진하라고 격려하는 경우가 대다수일 터이다.

* * *

나는 그런 관성적인 사고를 거부하고 싶었다. 물론 인류는 태초 이래로 대규모 경작과 동물의 가축화, 산업화 등을 통해 좋지 않은 방향으로 지구에 영향을 주었지만, 20세기 후반에 이르러 조금은 더 지속가능한 방향으로 더 변화해나가고 있다는 생각을 말해보고 싶었다. 나아가 향후 인류 문명의 미래에 대해서도 나는 긍정적으로 보고 있다.

잠깐 에너지에 관한 이야기를 해보자. 세계에 비하여 우리나라에선 아직 주목이 덜 이뤄지고 있지만, 에너지 분야는 인간의 삶을 혁명적으로 바꿀 가장 놀라운 잠재력을 가졌다. 우리는 그리드 패리티(Grid parity)•라는 인류 역사의 중요한 변곡점에 살고 있다.

• 태양광 등 신재생에너지의 발전원가가 화석연료의 발전원가와 대등하게 되는 시점, 혹은 태양광 등 신재생에너지 균등화발전비용(LCOE)이 전기 요금과 대등하게 되는 시점을 의미한다.

블룸버그에서 운영하는 에너지금융 리서치 기관인 BNEF(Bloomberg New Energy Finance)에 따르면 태양광과 풍력에너지는 이미 전 세계 절반 지역 이상에서 가장 저렴한 발전원이며, 2030년에는 거의 모든 지역에서 석탄화력발전보다 낮은 비용으로 전력을 생산할 수 있을 것이다. 같은 BNEF 자료에 따르면 미국의 2018년 태양광 발전단가는 MWh당 36달러인 데 반해 석탄은 67달러, 가스는 40달러, 원자력은 94달러라고 한다. 독일의 경우는 태양광이 74달러로 76달러인 가스나 96달러인 석탄보다 더 낮은 가격에 전력을 생산하고 있다.[3]

이제 우리, 그리고 우리 아이들이 살아갈 지구는 더 이상 화석연료를 태워 온난화를 가속화시키지 않아도 되고, 덕분에 후손들은 우리보다 더 깨끗한 지구에서 살 수도 있다. 또 건설기술의 발달로 인해 제한된 공간에서 효율적으로 살아갈 수 있으며, 배출오염원도 점점 더 낮춰갈 수 있으리라 예상된다. 이는 이미 1980년대의 낙동강보다 2010년대 낙동강이, 1990년대 안양천보다 2020년대 안양천이 훨씬 더 깨끗해진 것만 봐도 잘 알 수 있다. 이러한 변화는 분명 과거 굴뚝산업으로 지구를 괴롭혔던 인류의 문명과는 다른 세상을 만들어나갈 것이다. 나는 그 변화의 중심에 과학혁명이 있음을 이야기하고 싶었다. 지속적인 기술의 발전이 우리, 그리고 지구의 수명을 연장시켜줄 수 있을 것이라 생각하기 때문이다.

아울러 우리는 '인간의 힘과 기술'에 관하여 새롭게 인식할 필요가 있다. 우리가 접하는 대부분의 자연은 사실 인류 문명이 자연을 '인간적으로' 다스리고 길들인 '인공적인 것'이다. 유발 하라리는 『사피엔스』에서 인류는 산업화가 아닌 애초에 수렵 채집 및 농경 단계의 초기부터 지구에 해를 끼쳤다고 주장했다. 인류는 그렇게 자연이란 이름의 혹독한 야생을 극복하지 못하면 지구에서 살아남을 수 없는 존재라는 게 그의 논지였다.

인공에 대한 부정적인 편견이 팽배한 것은 사실이지만, 그렇다고 자연이 인간의 평화롭고 안전한 삶에 꼭 유익한 것이 아님을 인지할 필요가 있다. 자연 그대로의 모습은 야생의 그것이지, 결코 우리 문명이 형성되는 안전한 환경은 아닌 것이다. 독자들이 부디 그런 차원에 주목하며 이 책을 읽을 수 있었으면 한다.

그리고 이 책의 제목 '아파트가 어때서'는 이러한 논의를 가장 잘 응축한 표현이라 생각한다. 우리나라 사람들 대부분은 아파트와 같은 공동주택에 거주하면서도 이를 '성냥갑'으로 낮춰 표현하며 전원주택을 이상적으로 생각하는 경향이 있다. 하지만 아파트와 같이 낮은 건폐율과 높은 용적률의 구조물은 한정된 자연을 효율적으로 활용하는 가장 진보한 방식일 수 있다. 나는 앞으로 도시에 고밀도로 모여 사는 것이 시골에 홀로 거주하는 것보다 오히려 훨씬 더 친환경적인 시스템을 지속가능하게 만들 수 있다는 것을 설명하려 한다. 이 책을 끝까지 읽은 독자들이 과연 나의 이런 생각에 얼마나 공감할지 궁금해진다.

* * *

책은 크게 네 개의 장으로 구성되어 있다. 1부 '겨울왕국에 정말로 댐이 사라진다면'에서는 우리 사회를 이루고 있지만 쉽게 인지하지 못하는 인프라의 효용에 대해 이야기했다. 겨울왕국이라는 매개체를 통해 댐의 가치를 이야기했고, 강원도의 산불 진화를 통해 도로의 효용을 설명했다. 그런가 하면 현존하는 세계 최장 터널을 만든 스위스의 사례, 두 개의 철도가 지나가면서도 공원으로 재탄생된 연트럴파크, 그리고 싱가포르의 하수처리시스템 등을 통해 눈에 잘 띄지 않는 인프라와 그 역할을 종합적으로 설명했다.

2부 '인공적인 것은 아름답다'에서는 본격적으로 '인공'에 대한 생각을 말하기 시작했다. 남아공의 크루거 국립공원을 통해 자연의 또 다른 이름인 '야생'을 이야기했고, 백운호수와 강화도의 사례를 통해 우리의 현재 국토가 만들어진 과정을 살펴봤다. 이후 현대사회의 근간을 이루는 물류가 가능케 했던 항구, 교량, 철도, 도로 등이 형성되는 과정도 들여다봤으며, 일본과 네덜란드의 사례를 통해 자연의 리스크를 끊임없이 감소시키며 문명을 형성한 과정도 상세히 분석했다.

3부 '도시란 우리에게 무엇인가'를 통해 나는 우리가 살아가는 철근 콘크리트로 점철된 도시를 톺아보며, 다른 나라가 아닌 우리나라에서만 독특하게 형성된 아파트 중심 도시에 대한 새로운 시각을 제시하고자 했다. 여기서 나아가 대중교통을 통해 일상을 살아가는 시민 관점에서 더 필요한 인프라에 관하여 논했으며, '남들이 걷는 도시'가 아닌 '내가 살고 싶은 도시'는 무엇인지를 고민했다. 20세기 초반 건축가 르 코르뷔지에가 주창하던 빛나는 도시는 현재 어디인지, 우리나라 도시들이 혹시나 그 코르뷔지에가 꿈꾸던 도시는 아닐지, 정말 그런 이상적인 도시를 위해서 더 필요한 조건들은 무엇이 있을지도 이야기했다.

마지막으로 4부 '보이지 않는 것들의 힘'에는 국내외를 돌아다니며 오랜 기간 건설업에 종사하면서 겪은 단상을 풀어놓았다. 소위 선진국과 개발도상국을 넘나들며 느낀 소회, 다가올 미래를 준비하는 우리의 자세, 세대론에 대한 단상 등 쉽게 풀리지는 않지만 우리가 끊임없이 풀려고 노력해야 할 사회적 과제에 대한 생각을 전하고자 했다. 결국 이러한 책의 저술과 적극적인 의견 개진은 우리 공동체의 더 나은 미래를 위해서일 것이다. 나의 아이디어가 조금 더 나은 사회를 만들어나가는 데 보탬이 되었으면 한다.

따지고 보니 지하철이라는 대중교통을 통해 서울로 출퇴근한 것이 올해로 20년째다. 대학에 진학한 신입생 시절부터 현재에 이르기까지 나의 하루 중 10%가량은 여전히 대중교통 위에서 보내고 있다. 이 책 대부분의 아이디어는 그 오랜 출퇴근 시간 동안 읽은 책과 잡상, 그 잡상을 스마트폰을 통해 틈틈이 정리한 것으로 이루어져 있다. 평범한 직장인으로 책이라는 결과물을 만들기는 쉬운 일이 아니었다. 돌멩이와 같이 투박하게 산재해 있던 재료를 깎고 다듬어준 도서출판 사이드웨이 편집자의 노력에 감사한다.

더불어 이 책의 뼈대가 된 글은 2018년 7월부터 꾸준히 작성해온《서울신문》칼럼이다. 꼬박 2년이 넘는 시간 동안 신뢰해주며 오피니언을 정리할 수 있게 해준《서울신문》에도 깊은 감사의 마음을 전하고 싶다. 그런 기회가 없었다면 나의 생각이 책으로 정리되어 세상에 나올 수 없었을 것이다. 오랜 기간 늘 응원해주고 격려를 아끼지 않은 아내에게 감사한다. 물론 늘 나에게 삶의 원동력을 주는 두 아이에게도 고맙고, 우리 가족이 건강히 살아갈 수 있게 뒤에서 물심양면으로 조력해주는 양가 부모님들에게도 감사함을 표하고 싶다.

다양한 분야를 다루다보니 중간중간 맞지 않는 부분이 발견될 수도 있다. 교차 검증을 위하여 가급적 각주, 미주를 통해 숫자나 사실에 대한 출처를 최대한 명시했다. 혹시 사실과 다른 부분이 있다면 언제든 출판사 메일과 채널들을 통해 연락주시길 바란다.

2020년 10월, 아름다운 백운호수를 거닐며

양동신

차례

서문 4

1부 겨울왕국에 정말로 댐이 사라진다면 15

겨울왕국, 노르웨이, 그리고 대한민국의 댐 16
강원도 산불을 바라본 어느 토목 엔지니어의 생각 26
알프스산맥의 환경 보전을 위해 스위스 사람들은 37
'연트럴파크'가 우리에게 말해주는 것들 45
콘크리트, 현대 문명의 아낌없이 주는 나무 53
보도블록을 위한 변명 63
싱가포르의 수자원 이야기 77
한강의 '월드컵대교'는 어느 월드컵을 기념하나 86
공학이란 무엇이고, 무엇이어야 하는가 93

2부 인공적인 것은 아름답다 101

크루거 국립공원 이야기 102
백운호수를 거닐며 109
강화도는 어떻게 지금의 강화도가 되었나 117
조선의 신도시, 수원 화성 125
항구의 낭만, 방파제의 낭만 134
미세먼지에 관한 어떤 오해 143
제주도의 '개발'에 대하여 152
국가의 탄생, 조용한 혁명 158
자연, 그리고 인공에 대하여 171

3부 도시란 우리에게 무엇인가 177

덕선이네 집은 어디 있는가 178

아파트가 어때서 185

서울의 출근길 단상 193

남들이 걷는 도시, 내가 살고 싶은 도시 200

주택보급률 100% 시대, 공급은 이제 필요 없을까 208

선분양과 후분양 제도에 대하여 215

안양천을 걸으면서 224

입체적이고도 빛나는 도시를 만들기 위하여 231

홍콩 기행 238

4부 보이지 않는 것들의 힘 251

하이바를 집어 던지고 252

하이바를 뛰어넘어서 261

신뢰사회 267

노동의 가치, 그리고 경쟁 272

우리 아이들이 살아갈 세상에는 어떤 기술이 필요할까 278

다가올 미래를 준비하는 우리의 자세 284

내가 누리는 것과 누리지 못하는 것 292

세대론에 대한 단상 298

통일이 꼭 대박은 아니겠지만 302

에필로그_ 더 나은 미래를 생각하며 309

이미지 출처 317

주 318

겨울왕국에 정말로
댐이 사라진다면

1부

겨울왕국, 노르웨이,
그리고 대한민국의 댐

2019년 개봉한 〈겨울왕국2〉는 세계 애니메이션 흥행 역사의 큰 획을 그은 작품이었다. 한국에서도 크게 흥행했는데, 1,030만 명의 관객을 동원한 전작 〈겨울왕국1〉을 훌쩍 뛰어넘는 1,374만 명을 기록하며 역대 대한민국 개봉 애니메이션 관객 수 1위에 등극했다. 이는 역대 박스오피스 공식 통계 기준 6위에 이르는 수준이다. 현재 우리나라 10세 미만 인구수는 413만 명가량이고 20세 미만까지 확장했을 때는 905만 명에 이른다. 영화 이후 DVD나 웹을 통한 관람을 고려하면 우리나라의 거의 모든 아이들이 이 작품을 봤을 것이라 추정할 수 있다.

나도 〈겨울왕국2〉가 개봉하자마자 초등학생 아이 둘을 이끌고 극장에서 관람했다. 〈겨울왕국1〉이 개봉할 당시 나는 덴마크에 장기 출장을 가 있는 상태였다. 당시 코펜하겐 디즈니샵에서 올라프 인형을 사다 주면 정말 겨울왕국에서 올라프가 온 것같이 좋아하던 아이들의 모습이 아련하다. 물론 이미 초등학교 고학년이 된 우리 집 아이들 기억 속에는 없고 나와 아내의 기억 속에만 간직된 옛일이다. 그때는 아이들이 어려서 같이 극장에 가는 것은 상상하지 못했던 일이지만, 지난 몇 년 동안은 이렇게 같이 극장에 가서 영화를 보는 일이 삶의 소소한 즐거움이기도 했다.

다시 〈겨울왕국2〉로 돌아와보자면, 영화는 아이들은 물론 어른들이 보기에도 탄탄한 스토리와 캐릭터 구성으로 손에 땀을 쥐게 했다. 충분히 전작을 뛰어넘을 작품이라는 생각이 들었다. 잘 알려진 것처럼 '숨겨진 세상(Into the Unknown)'이라는 주제가도 음원 순위에서 큰 인기를 끌었다. 그 주제가의 배경으로 들리는 돌고래 고음 부분은 나도 영화를 보고 난 후 몇 주간 흥얼거릴 만큼 중독성이 있었다. 특히 영화는 댐이라는 토목 구조물을 매개체로 스토리를 풀어가는데, 아무래도 내가 댐이나 해상 교량과 같은 구조물을 만들던 엔지니어로 오래 일해서 그런지 더 흥미롭게 지켜볼 수밖에 없었다. 혹시 영화를 보지 않은 분들을 위해 간략히 스토리를 이야기해보자면 다음과 같다.

극중 북쪽 노덜드라 부족(Tribe of Northuldra)이 사는 지역에는 댐이 있었다. 이는 노덜드라족이 물을 다스릴 수 있도록 아렌델 왕국(주인공들의 나라)이 우정의 표시로 만들어준 것이었다. 한데 우정의 표시인 줄 알았던 이 댐이 알고 보니 해당 지역 정령의 기반을 약화시킨 원인이었고, 주인공인 안나 공주는 이 댐을 무너뜨리는 일이 관계를 복원하는 길이라 판단하여 정령의 힘을 동원해 댐을 허물어버린다. 댐이 무너지고 난 후 어두웠던 두 왕국에는 다시 빛이 찾아오고 영화는 막을 내린다.

인공적인 댐을 허물며 문제를 해결해나가는 주인공의 모습은 그리 낯설지 않은 장면이다. 정령의 기반을 약화시키는 인공 구조물을 허물고 자연을 있는 그대로 보존하고 싶은 순수한 마음도 이해는 된다. 그렇지만 역시 나는 토목 엔지니어 출신이라 다소 안타깝고 씁쓸한 마음이 들었다. 나는 이 1,374만 명이 본 역대급 영화에서 장렬히 허물어졌던 댐과 같은 토목 구조물을 만드는 일을 전공한 사람이기 때문이다. 예능을 다큐로 받아들인다고 피곤하다는 시선으로 볼 수도 있지만, 내 입장에서는 혹여 이 영화를 보는 많은 아이들에게 댐이라는 구조물이 정말 그처럼 정령과의 교감을 차단하는, 환경을 나쁘게 만드는 무언가로만 비쳐지지 않을까 걱정이 되는 건 사실이었다.

노르웨이의 알타강에선 무슨 일이 있었나

주지하다시피 〈겨울왕국2〉의 배경은 노르웨이다. 노르웨이에는 영화에서와 같이 실제로 댐이 상당히 많다. 노르웨이 석유에너지부 자료에 따르면 현재 1,660개가량의 수력발전소가 존재한다. 본 애니메이션은 픽션이다 보니 작품의 시대적 배경을 거론하기는 어려운 게 사실이다. 하지만 중세시대 정도로 연상되는 아렌델 왕국과 근대에 접어들면서 인류 문명에 등장한 아치형 댐은 같은 시기에 등장하기엔 좀 어색한 감이 있다. 폭

알타수력발전소(Alta Hydroelectric Power Station)

풍우가 일어 나무배가 뒤집혀 왕과 왕비가 조난을 당하고, 등장인물들이 순록을 타고 이동을 하는 중세시대에는 영화 속에 등장하는 콘크리트 아치형 댐을 만들 순 없는 일이다.

그런데 흥미롭게도 〈겨울왕국2〉의 댐의 모티브가 된 사건은 실제로 존재했다. 북유럽 스칸디나비아반도 북부에 거주하는 소수민족, 사미족(Sami people)과 관련된 이야기가 그것이다.[1]

알타 논란(Alta controversy)이라 불리는 이 사건은 1987년 알타강에 설치된 알타수력발전소(Alta Hydroelectric Power Station)를 둘러싼 갈등이다. 이 수력발전소의 생김새 역시 애니메이션의 그것과 매우 유사하여 폭이 좁고 높이가 매우 큰 모양이다. 영화의 중요한 모티브가 되었을 이 사건에서 볼 수 있는 바와 같이, 댐을 두고 발생하는 이러한 갈등은 중세시대가 아닌 20세기 후반에 이르러 발생했던 것이다.

노르웨이 수자원 에너지국('NVE', Norwegian Water Resources and Energy Directorate)은 1970년대 후반 부족한 전기 자원 개발을 위해 많은 수력발전소를 계획했다. 알타수력발전소 역시 그 많은 수력발전소 중의 하나였다. 하지만 1979년 공사를 착공할 시점에 시민 불복종 운동이 시작되었는데, 이 알타수력발전소 건설을 저지하려는 사미족을 위한 민중운동이 그 중심이었다. 인구도 희박한 북유럽 어느 지역에서 천 명이 넘는 시위자들이 반대를 했고, 이 시위를 해산시키기 위해 노르웨이 경찰은 2차 대전 이후 처음 폭동방지법 위반을 사유로 체포자들을 기소했다고 한다.[2]

겨울왕국의 댐이 선사하고 있는 것들

현재 노르웨이에는 약 18,000개가 넘는 댐이 존재한다. 수자원 에너지국에 등록된 댐만 약 3,800개 수준이다.[3] 이 중 1,660개가량의 댐은 수력발전 용도이고, 이렇게 많은 수력발전용 댐 덕분에 노르웨이의 전체 전기 설비용량 중 95% 이상은 청정한 수력발전 재생에너지가 차지하고 있다.[4] 생산하고 남은 전력은 주변 국가인 스웨덴이나 덴마크 등에 판매도 하고, 북해 유전에서 나오는 원유나 천연가스는 대부분 수출을 하고 있다.

이러다 보니 노르웨이 국부펀드는 늘 운용 자산 기준 세계 최대 규모를 차지한다. 물론 수력발전이라는 특성상 강수량에 따라 연간 가동 시간은 차이가 발생한다. 이 때문에 화력발전소 3기도 기저발전• 용도로 운영 중이며, 인근 지역 국가와 전력망을 공유하여 일시적으로 부족한 전기를 보완하기도 한다.

그렇다면 노르웨이는 어떻게 수력발전 강국이 될 수 있었을까. 노르웨이 하면 떠오르는 단어 중의 하나가 피오르드(Fjord)일 것이다. 빙하의 침식을 받아 평지보다 산지가 주로 분포한 이 지형적 특성은 수력발전에 매우 적합하다. 수력발전이란 물의 위치에너지를 발전기 터빈의 운동에너지로 변환해서

• '기저(基底)부하 발전'의 준말이며, 발전 단가가 저렴해서 '기본'으로 두는 발전이라는 뜻이다. 현재 우리나라의 경우는 원자력발전과 화력발전이 기저발전을 담당하고 있다. 반대로 발전 단가가 비싸서 전기 공급이 많이 필요할 때 이용하는 발전 방식은 '첨두(尖頭)부하 발전'이라고 한다.

전기를 발생시키는 것인데, 이를 위해 물을 가두는 댐의 설치는 필수적이다.

이는 산지가 전혀 없는 덴마크나 이라크와 같은 평지 국가에서는 불가능한 일이고, 북유럽의 노르웨이나 동아시아의 한국과 일본, 북아메리카의 미국과 캐나다 정도가 적합한 지형이라 할 수 있다. 참고로 우리나라도 일반수력, 양수•, 소수력•• 설비를 다 합치면 144개의 수력발전소가 존재한다.[5]

덕분에 노르웨이는 늘 한 자릿수 미세먼지 농도의 청정한 환경도 누리고 있다. 우리나라의 미세먼지 문제가 심각한 원인에는 다양한 요인이 있겠지만, 발전비율 50%에 이르는 석탄화력발전소의 비중도 무시할 수는 없을 것이다. 여기에 중국 동해안에 집중적으로 분포된 석탄화력발전소에서 발생한 오염 물질 역시 편서풍을 타고 한반도로 날아올 수 있다.

최근 전기차에 대한 관심도도 높아지고 있는데, 전 세계적으로 전기차 판매량 비중이 가장 높은 국가도 노르웨이다. (46%, 2018년 기준·IEA) 이산화탄소를 배출하지 않는 수력발전으로 전기를 생산하고 이를 통해 전기차를 운행하니 미세먼지 농도가 낮을 수밖에 없는 것이다. 그러니까 역설적으로 겨울왕국인 이 노르웨이에 정말 댐이 사라진다면, 전기로 만들 수

• 수력발전의 한 형태로, 야간이나 전력이 풍부할 때 펌프를 가동해 아래쪽 저수지의 물을 위쪽 저수지로 퍼올렸다가 전력이 필요할 때 방수하여 발전하는 방식.

•• 산간벽지의 작은 하천이나 폭포수의 낙차를 이용한 발전 방식.

있는 빛은 사라지고 미세먼지와 함께 어둠이 찾아올 수 있다는 말이다.

나는 과거 유럽의 어느 건설공사에 사용할 골재(건설공사에 쓰이는 자갈이나 모래)를 구하기 위해 노르웨이 출장을 간 적이 있었다. 내가 간 곳은 스타방에르(Stavanger)라고 하는, 피오르드 해안가에 위치한 도시였다. 이곳에서 스웨덴 예테보리를 지나 덴마크 코펜하겐까지 가며 현장 답사를 하는 것이 주요 업무였다. 영화에나 등장할 만한 해변 고속도로를 타고 다니는데, 어딜 가나 깨끗하고 아름다운 자연을 간직하고 있는 것이 부러웠다.

물론 그곳의 자연은 더없이 아름답고 웅장했지만 아쉬운 점이 한 가지 있었다. 한겨울의 노르웨이는 오전 9시가 넘어 해가 뜨고 오후 3시가 되면 해가 져서 당황스러웠던 점이 그것이다. 생각해보면 전기가 없던 과거엔 정말 칠흑같이 어두웠을 곳이 이 겨울왕국, 즉 노르웨이였을 것이다.

칠흑과도 같은 어두움을 낭만적으로 사랑할 수는 있다. 그렇지만 지리산과 같은 곳을 2박 3일 등반해보았던 분들은 알 것이다. 빛이 없는 한밤중의 산이란 부스럭거리는 소리 하나만으로도 공포감을 느낄 수 있는 무서운 장소로 다가올 수 있다. 도시에서 밤 12시는 대중교통을 타고 여전히 집에 갈 수 있는 시간이지만, 시골에서 밤 12시는 이동이 제한된 단절의 시간일 뿐이다. 도시에서 그런 안전한 밤이 가능한 원동력은 바로 전기다.

우리가 물을 다스리는 일에 관하여

우리나라에도 댐은 많이 존재한다. 단, 우리나라의 댐은 수력발전의 용도보다는 주로 농업용수 조달을 목적으로 하는 것이 대부분이다. 일례로 우리나라의 댐과 저수지는 약 18,000여 개에 달하고, 이 중 높이 15m 이상의 대(大, Large) 댐으로 분류되는 것은 약 1,200개이다. 여기서 수력발전과 다목적댐은 도합 31개에 불과하며 나머지 1,100개가 넘는 댐들은 관개용수(灌漑用水)가 주목적이다. 이런 농업용 댐은 역사도 상당히 오래되었다. 삼한시대에 축조된 제천 의림지, 김제 벽골제, 밀양 수산제 등의 저수지를 생각해보면 쉽게 알 수 있는 사실이다.

이러한 농업용수의 개발이 없었다면 물을 많이 필요로 하는 쌀농사는 우리나라에서 발달할 수 없었고, 우리는 이렇게 한반도에 정주하기 어려웠을 것이다. 과거 4대강 공사의 트라우마 때문인지, 최근엔 물을 '있는 그대로' 흐르게 두어야 한다는 말이 절대 선으로 여겨지는 경우를 종종 본다. 4대강 공사 자체를 둘러싼 비용편익이나 환경영향평가에 대해서는 섣부르게 단언할 수 없지만, 한반도의 수자원 개발 측면에서 보자면 인공적으로 물길을 조성하는 일은 불가피한 측면도 존재한다. 적어도 4대강 공사는 잘못되었다 할 수도 있지만 소양강댐이나 팔당댐을 두고 잘못되었다고 하는 사람은 없을 것이다.

팔당댐의 풍부한 수원이 없었다면 수도권 사람들은 그렇게 수돗물을 자유롭게 사용하지 못했을 것이다. 소양강댐에서 홍수를 조절하지 않고 한강고수부지를 건설하지 않았다면, 여름에 수해로 고통받는 사람들은 지금보다 훨씬 더 많이 존재했을 것이다.

요컨대 물을 있는 그대로 둬야 한다는 말은 자연에는 옳은 말이지만, 인간에게는 아닐 수 있다. 물을 다스리는 댐을 단지 '인공적'이라는 이유 때문에 나쁜 것으로 인식하면 곤란하다. 겉으론 친환경적으로 보이지 않는 노르웨이의 댐은 국가의 전체 전기를 재생에너지로 생산할 수 있는 발판을 마련해주었고, 겉으론 친환경적으로 보이지 않는 대한민국의 댐은 많은 저수지를 축조하여 우리 선조들이 산지가 많은 한반도에 정주할 수 있게 만들어줬다. 부디 이런 사실을 간과하지는 않아야 할 것이다.

강원도 산불을 바라본 어느 토목 엔지니어의 생각

13년 전, 건설회사에 처음 입사하고 업무 배치를 받던 시절이 떠오른다. 내게도 그저 대학을 졸업하고 대기업에만 들어오면 끝이라 생각하던 신입사원 연수 시절이 있었다. 그렇듯 입사 후 어영부영 1개월 반 정도가 지난 시점이었다.

내가 가야 할 근무지로 카타르와 나이지리아를 비롯해 생전 듣도 보도 못한 나라들이 거론되고, 국내라 하더라도 동홍천이니 양양이니 하는 강원도의 외진 도시들만 줄줄이 거론되었다. 정신이 번쩍 드는 기분이었다. 나는 당시 해외도 지방도 가기 싫어 그냥 버티다가 OJT(On the Job Training, 직무 수행과 병행하는 교육 훈련)를 두 번 거치고 난 후 서울 본사에서 근무하게 되었다.

한데 그 해외에 산골짜기로 간 동기들의 이야기를 들어보면, 그것 참 굉장한 에피소드가 한두 개가 아니었다. 예컨대 당시엔 인제-양양 국도 수해복구 현장이라 하는 곳이 있었다. 이는 2006년 7월 나흘간 내린 집중호우에 쓸려 내려간 국도 44호선 중 32.8km를 응급 복구하는 프로젝트였다. 공사 도중 다시 집중호우가 내리면 재공사를 해야 하니, 교량 32개와 배수관 114곳을 340일 만에 원상 복구하는 게 목표인 난공사였다. 공사 현장이 워낙 꾸불꾸불한 산골짜기에 위치하다 보니 양양 시내까지도 차를 타고 한 시간은 가야 도착할 수 있기도 했다.

신촌이나 대학로에서 자유롭게 뛰놀던 이십 대 청년들이 그처럼 산골짜기에 갇혀 사는 것은 꽤나 어려운 일이었다. 따박따박 통장에 돈이 찍히는 월급날은 좋았겠지만, 나머지 29일을 버티기란 여간 어려운 일이 아니었을 것이다. 집에도 보름에나 한 번 겨우 갈 수 있었으니 뭐 말 다한 셈 아니었을까.

언젠가 신입사원 한 명이 피자가 먹고 싶어 양양 시내의 피자가게에 연락해서 피자 주문을 했다고 한다. 한데 피자가게 사장님은 주소지를 듣고는 거기는 안 되겠다며 오토바이가 갈 수 있는 거리가 아니라는 말씀을 하셨다고 한다.

그래도 어떻게든 피자가 먹고 싶었던 동기는 몇 판이면 배달을 할 수 있느냐고 물었다. 사장님에게 손익분기점을 맞추려면 대체 몇 판까지 주문하면 되겠느냐 물으면서 말이다. 사장님은 고민을 하시더니 20판을 불렀단다. 그리고 현장 숙소의 냉장고에는 그 20판의 피자가 들어가게 되어, 다 같이 며칠 동안 피자만 먹었다는 전설 같은 이야기도 들려온다. 그만큼 힘들고 고된 프로젝트였다.

500년의 시간을 바라보고 탄생하는 인프라 시설

한편, 같은 시기 본사에 가서 내가 한 일은 서울양양고속도로의 입찰 업무였다. 여러 개로 쪼개져서 나온 이 고속도로의 입찰은 때로는 턴키•로, 때로는 최저가 낙찰제••로 나와서 오랜 시간 준비할 수밖에 없었다. 현장 답사도 다녀오고 도로 공사에 입찰서를 제출하러 가기도 하며 오랜 기간 참 어렵게 준비했는데, 다행히 제일 많은 구간을 당시 우리 회사가 가져올 수 있었다.

그리고 다시 현장 배치의 시즌이 찾아왔다. 인사 담당자는 나에게 양양고속도로의 어느 현장을 찍어서 가라고 알려주셨다. 현장 위치를 지도에서 찾아봤다. 아니나 다를까, 그곳은 사방으로 산밖에 없었고, 당시 내가 살던 인천까지 가려면 왕복 열 시간은 족히 걸리는 길이었다. 그때 강원도엔 거의 아리랑 고개밖에 없었으니 말이다.

신혼이었던 나는 안 되겠다 싶어서 다시 수도권의 다른 현장으로 배치받고 싶다고 말을 했고, 결국 나는 또 오지 현장에서 근무하지 않을 수 있었다. 그러다가 결국 나중에는 나도 중동은 물론 서남아시아, 아프리카, 유럽 등에서 근무를 하게 된

• 열쇠(Key)를 돌리면 기계가 움직이는 상태로 하여 인도한다는 뜻에서 온 말이며, 일괄 수주 계약을 가리킨다. 일반적으로 설계, 구매, 시공을 모두 책임지고 시공하는 계약이다.

•• 공사나 물품납품 입찰에서 가장 최저가를 써 낸 낙찰자를 선정하는 제도이다.

다. 건설 엔지니어에게 있어서 벽지(僻地) 근무라는 변수는 피할 수 없는 숙명이기도 하다.

어쨌든 서울양양고속도로에서는 역시 나의 선후배들이 정말 많이 근무했다. 얼핏 기억으로 1천억 원이 넘는 프로젝트만 6개 정도 되었고, 그중에 가장 긴 인제터널 현장의 경우는 단일 공사비만 5천억 원이 넘었다. 인제터널은 도로 터널의 카테고리로 보자면 국내 최장이며, 세계에서도 11번째 수준을 기록하고 있으니 그 스케일을 가늠하기가 쉽지 않을 정도의 공사였다.

우리가 흔히 이용하는 고속도로나 고속철도와 같은 인프라는 대부분 교량과 터널로 구성되어 있다. 국토의 70%가량이 산지인 우리나라에서 그러한 인프라 구조물을 통하지 않고서는 100km/h에서 300km/h에 이르는 고속차량이나 고속철도가 갈 수 없기 때문이다. 그리고 그 교량과 터널은 또 거의 다 콘크리트 구조물이다. 2016년 말에 개통한 수도권고속철도(SRT)의 경우 지제~수서 간 61.1km 가운데 83%인 50.7km가 지하 45~73m의 대심도 터널•••로 건설되었다. 그래서 동탄역은 지하 50m에 세워져서 내려가는 데만 5분가량이 걸리는 것이다.[6]

그런데 이런 교량이나 터널의 설계를 보면 다소 과하다 싶을 정도로 이상한 부분이 간혹 보인다. 예컨대 인천대교의 메인

••• 한계심도를 초과하여 설치되어 보상비율이 현격히 낮아지는 깊은 구간에 설치되는 터널을 말한다. 서울시 조례에 따르면 40m 이상 한계심도 구간 터널의 보상비율은 0.2% 이하이다.

교각 주변에는 눈에도 보일 정도로 큰 원형 단면 콘크리트 구조물이 보인다. 지름 25m, 깊이 50m가량에 달하는 이 구조물은 선박충돌방지공이라 하는 것이다. 이는 인천항을 오고 가는 선박이 혹여나 인천대교 교각을 들이받는 것을 방지하기 위해 설계된 것이다. 처음 이 설계를 보았을 때, 어느 바보 같은 선장이 자기 배를 들이받겠는가 했지만, 2018년 여름 오사카 간사이공항 도로에 유조선이 충돌한 사건, 그리고 2019년 광안대교에 러시아 선박이 충돌된 사건 등을 보면서 과연 쓸데없는 콘크리트 구조물은 없다는 생각이 들었다.

그런가 하면 터널 내부 화재와 관련된 아주 엄격한 규정도 있다. 대형 터널의 경우 불이 나서 내부 온도가 1,200도 정도 올라가더라도 대략 2~3시간 정도는 문제없게끔 만들어진다. 이 2~3시간 정도를 구조적으로 문제없게 만들기 위해서는 훨씬 더 높은 공사 비용이 소요된다. 어찌 보면 과다 설계로 보이는 이러한 부분도, 그 연원을 따라가보면 다 실제 발생했던 사고를 바탕으로 만들어지게 된다.

도로 터널의 경우 유조차량의 존재로 인해 화재 위험이 더 큰 것이 일반적이다. 그에 반해 철도 터널의 경우 그렇게 오랜 기간 화재 시간이 지속되는 경우는 흔치 않다. 하지만 언젠가 유럽의 어느 철도 터널 프로젝트를 준비할 때 갑자기 높아진 기준에 의아한 적이 있어 그 이유를 알아보니, 해당 기준은 2003년 대구지하철 화재참사 때문에 강화되었다고 했다.[7] 먼 나라에서 어느 누군가가 저지른 방화로 인해 철도 터널의 국제기준이 그렇게 바뀔 수도 있는 것이다.

이처럼 인프라 시설에 있어 방재(防災)의 의미란 언제 어떻게 일어날지 모르는 일에 대비하는 일을 뜻한다. 즉, 태풍, 홍수, 호우, 강풍, 풍랑, 해일, 대설 등의 재해를 막기 위해 미연에 설치하는 것이 방재 인프라라고 할 수 있다. 이를 위해 행정안전부 주관인 자연재해대책법은 재해영향성검토나 자연재해저감 종합계획 등을 지자체장들에게 강제하고, 우수유출저감시설이나 지구 단위 홍수방어기준 등을 미리 준비하게끔 하여 자연재해를 예방하고 재해 발생 시 신속하게 대응 및 복구를 실시하게 하고 있다.

방재의 차원에선, 이와 같은 자연재해가 발생할 빈도를 1년 혹은 5년은 물론, 100년 혹은 500년 빈도까지 예측하고 대응하게 된다. 일상의 관점에서 바라본다면 이러한 일은 꽤나 의미 없어 보일 수 있다. 하지만 2020년 여름의 홍수와 같이 심대한 자연재해가 발생했을 때엔 이 방재 인프라의 중요성이 다시금 깊이 인식될 수밖에 없다.

전국의 소방차들이 한밤중에 집결할 수 있었던 이유

2019년 강원도 인제군에서 시작된 산불은 인근 속초시와 강릉시, 그리고 동해시까지 번지는 초대형 산불이었다. 2명이 숨지고 11명이 부상당했으며 주민 4천여 명이 대피한 비극적인 사건이었지만, 그래도 인프라의 관점에서 보자면 인상적인 부분이 있었다. 한밤중에 강원도 동해안에서 발생한 대형 화재를 진압하기 위해 전국의 수많은 소방차들이 빨간 경광등을 켜고 달려오는 영상이 그것이었다.

인터넷에 나온 영상을 나도 몇 번이나 돌려 보았다. 그중에서도 인상적이었던 부분은 CCTV에 선명하게 찍힌 내촌3터널이라는 표시였다. 내촌3터널은 강원도 홍천군 내촌면 물걸리에 있는, 2017년에 완공한 서울양양고속도로 내촌 1-5터널 중 하나이다. 서울양양고속도로를 오래전부터 입찰하며 준비했던 한 명의 엔지니어로서 가슴이 울컥해지는 순간이었다. 다음 날 뉴스를 보니 전국의 소방차들이 대기하던 장소도 서울양양고속도로 휴게소였다.

만약 이 지역에 교통 인프라가 충분히 깔려 있지 않았다면, 강원도의 험한 산간을 잇는 경로에 서울춘천고속도로도, 서울양양고속도로도, 영동고속도로도, 미시령터널도, 배후령터널도, 인제터널도 없었다면, 아마도 이번처럼 한밤중에 전국의 소방차가 집결하는 일은 불가능했을 것이다. 만약 전국에서 소방차들이 집결하지 못했다면 강원도 산불이 비교적 큰 사고 없이 그처럼 빠르게 진압될 수 있었을까. 그런 면에서 2019년의 강원도 산불은 인프라의 중요성이 다시 한번 상기된 사건이 아닌가 싶다.

비단 산불만이 아니라, 의료 영역에 있어서도 마찬가지다. 잘 구축된 고속도로망은 도서 산간 지역에 거주하는 분들의 복

건설 중인 교량(전라남도 신안군 천사대교)

지 수준을 높여주는 작용을 한다. 도서 산간 지역에 택배가 원활히 배달되고 편의점이 운영될 수 있는 이유는 그러한 교통망을 통한 물류 배송이 가능하기 때문이다. 예컨대 지난 2019년 개통된 전라남도 신안군 천사대교의 경우를 보면, 기존에 배로 1시간가량 걸렸던 물류 시간이 이 교량의 신설로 인해 10분으로 단축되었다고 한다. 이로부터 추산되는 농수산물 운임비용 절감은 연간 600억 원에 이른다.[8] 섬에 신설되는 교량이 이처럼 복지와 비용 절감의 역할을 한다면, 산간 지방에서는 터널이 이와 같은 역할을 수행하는 것이다.

앞서 내가 중동에서도 근무한 적이 있었다는 이야기를 했던 바 있다. 내가 근무한 지역은 두바이나 카타르와 같은 부국이 아니었다. 아라비아반도 끝의 오만이라는 개발도상국이었다. 한번은 함께 근무하던 선배 한 분이 교통사고가 나서 다리 복합골절로 사경을 헤매다가 수도인 무스카트로 후송된 후 수술 중에 운명을 달리하신 적이 있었다. 아무리 한 나라의 수도라 하더라도, 무스카트의 의료 수준은 그 정도밖에 안 되었기 때문이다.

평소 인품이나 능력이 너무도 뛰어난 선배와의 작별이었기에 정말 슬프고 안타까웠던 사건이었다. 그 이후로 오만에서 공사 중 의료사고가 발생했을 땐 바로 두바이 쪽으로 항공 이동을 하곤 했다. 그만큼 한 국가와 사회의 안정적인 유지를 위해 의료 인프라와 교통 인프라는 둘 다 중요하다고 할 수 있다. 앞서 언급한 전남 신안의 천사대교도 마찬가지다. 교량이라는 새로운 인프라로 인해 암태도와 자은도, 팔금도와 안좌도 등 많은 섬 주민들에게는 평생에 처음으로 육로 교통이 선사되었다. 그래서 이곳의 할머니와 할아버지들은 응급상황이 발생하더라도 빠르게 이동할 수 있고, 광주나 서울에 위치한 의료 인프라에 더욱 쉽게 접근할 수 있게 된 것이다.

벽지에서 일한다는 건 쉽지 않은 게 사실이지만

강원도 산골짜기에서 근무하는 일은 누구나 가급적 피하고 싶은 일이다. 나 같은 평범한 사람은 동홍천이나 양양과 같은 격·오지 근무지를 가급적이면 피하려고 노력하지 손을 들고 자원하지는 않는다.

어떤 분들은 그러한 도서 산간 지역에도 좋은 병원을 많이 만들고 소방시설을 많이 설치하면 된다고 말한다. 그렇지만 유능한 인재들을 그러한 도서 산간 지역까지 보내는 일은 그리 쉬운 일이 아니고, 그러한 곳에 자본 투자를 쉽게 할 수도 없는 일이다. 당장 어느 굴지의 반도체 회사 클러스터 부지 선정에 있어 구미가 아닌 용인이 선정된 이유가 무엇이겠는가. 수도권에 거주하고 싶은 엔지니어들을 유치하고자 하는 속내도 있었을 것이고, 전후방 서플라이 체인 기업들과의 연계를 무시할 수 없었기 때문일 것이란 해석도 존재한다.

한정된 인프라 자원을 가지고 효율적으로 활용하려면 교통이라는 도구를 사용할 수밖에 없다. 교통 인프라의 발달은 시공간의 제약을 허물어준다는 장점이 있으며, 그 인프라가 선사하는 사회적 혜택은 우리가 쉽게 헤아릴 수 없을 정도다. 종종 발생하는 토건 비리나 담합과 같은 부정적인 사건 때문에 인프라 자체를 나쁘게 보거나 인프라 예산 축소하는 것을 자랑스럽게 여기는 분들이 계신다. 하지만 비리와 담합 등은 공정거래위원회나 검찰 혹은 경찰이 해결해야 하는 문제다. 행정의 영역에선 꾸준하게 인프라를 늘려나가는 일이 우리 사회에 보탬이 될 것이다.

알프스산맥의 환경 보전을 위해 스위스 사람들은

흔히 사람들은 어딘가에 터널을 뚫는다고 하면 으레 자연을 파괴하는 행위라 생각하기 마련이다. 하지만 조금만 생각해보면 배기가스를 풀풀 풍기며 산을 굽이굽이 곡선으로 돌아가는 아리랑 도로보다, 오히려 터널이라는 직선을 통해 빠르게 관통하는 것이 오히려 산을 보호하는 것임을 깨달을 수 있다.

아리랑 도로로 점철된 산은 생태계의 단절이 일어날 수도 있으나 터널은 입구와 출구를 제외하고서는 생태계에 영향을 주지도 않는다. 혹여 아리랑 도로 어딘가에 존재하는 휴게소에서는 오물과 쓰레기가 발생할 수 있지만, 수 초에서 수 분 내에 지나가기만 하는 터널에서는 딱히 그런 물리적인 오염원도 배출하지 않는다. 나는 이를 '터널의 역설'이라 부르고 싶다.

이것은 그저 나의 생각만에 불과할까. 여기 지구에서 가장 깨끗한 환경을 자랑하는 스위스 알프스산맥의 사례를 들여다보자. 스위스는 유럽의 작은 나라지만 지속가능성(sustainability)

의 관점에서 보자면 전 세계 최고 수준을 자랑한다. 다보스 연례 총회로 유명한 세계경제포럼(World Economic Forum, WEF)에서 평가하는 환경성과지수(Environmental Performance Index)에서 스위스는 덴마크와 더불어 늘 1, 2등을 앞다투는 수준이다.

스위스 정부 관광청(Switzerland Tourism) 홈페이지를 보면, 스위스가 어떻게 이렇게 환경친화적인 국가가 되었는지 여러 가지 주제를 통해 설명하고 있다. 이 중 철도 네트워크 부분이 인상적이다.

철도 네트워크: 12분마다 한 대씩 운행되는 기차 (친환경 액티비티)

스위스에서는 하루에 9,000대의 기차가 대략 3,000km의 SBB(스위스 연방 철도, 독일어: Schweizerische Bundesbahnen) 철도망 위를 운행 중이다. 매 12분마다 스위스의 철길 중 한 곳에서 기차 한 대가 발차한다.

이를 환산해보면 매일 스위스의 철도 1km마다 93대의 기차가 운행되고 있다는 것으로, 이는 세계 어느 곳에서도 찾아보기 힘든 규모다. 각 노선의 기차 총량은 140대이다. 또한 총 5,000km에 달하는 전국, 지역철도 네트워크가 거의 전기로 운행되어 스위스 철도는 671개의 터널과 6,000개가 넘는 철교를 환경 파괴 없이 달릴 수 있게 해준다.[9]

이렇듯 스위스 관광청은 수백 개의 터널과 수천 개의 철교를 오히려 친환경적인 장점으로 부각시킨다는 것을 확인할 수 있다. 언뜻 느끼기엔 직관적으로 와닿지 않을 수 있지만, 앞서 내가 말한 터널의 역설을 생각하면 자연스러운 설명이다.

스위스의 알프스산맥과 '터널의 역설'

세계에서 가장 긴 철도 터널은 어디일까? 앞서 스위스에 대한 이야기를 해서 눈치채셨겠지만, 2020년 현재 세계에서 가장 긴 철도 터널은 스위스의 알프스산맥을 관통하는 57km 규모의 고트하르트 베이스 터널(Gotthard Base Tunnel)이다. 2016년에 개통한 이 고트하르트 베이스 터널은 종전 일본의 세이칸 터널(53.9km)을 제치고 세계에서 가장 긴 터널로 등극했다.[10] 참고로 영국과 프랑스를 잇는 유로 터널의 경우 50.5km로 3등이고, 한국 수도권 고속철도의 율현터널은 50.3km로 4등이다.

알프스로 나뉘어진 유럽의 북부와 남부를 연결해주는 이 터널의 역사는 꽤나 길다. 13세기부터 해발 2천 미터가 넘는

고트하르트 베이스 터널(Gotthard Base Tunnel)

알프스산맥의 환경 보전을 위해 스위스 사람들은

고트하르트 길은 북유럽과 남유럽을 이어주는 중요한 무역 루트였다. 당시만 해도 이 길을 넘으려면 1박 2일 정도의 여행을 감수해야 했다. 이 무역로의 안전을 위해 해당 지역 공동체들은 연합하게 되었고, 이것이 구 스위스 연방의 설립으로 이어지게 되었다고 한다.

그 이후 스위스는 19세기 후반부터 여러 개의 철도 터널을 만들었고, 20세기 중반부터는 자동차 도로 및 터널을 건설하며 늘어나는 물동량을 소화해 나갔다. 하지만 자동차 배기가스에 따른 환경문제가 대두되며 점차 이 무역 루트의 개선이 요구되기 시작했다. 그렇게 1994년 알프스산맥 보호법(Alpine Protection Act)이 제정되며 물동량을 자동차에서 최대한 기차로 옮길 것이 제안되었고, 무려 57km의 고트하르트 베이스 터널 프로젝트는 그런 배경 속에서 시작된 것이다.

이렇게 세계에서 가장 긴 터널은 환경보호적인 측면에서 필요성이 제기되었으며, 실제로 알프스 남북 간의 화물 이동에 있어 화물차의 사용을 줄여 알프스산맥의 대기오염을 줄여나가고 있다. 생각해보면 오히려 단순한 개념이다. 터널은 산맥을 관통하다보니 훼손하는 면적이 산림의 양측 입구와 출구뿐이다. 하지만 이를 산을 타고 가는 도로로 치환한다면 많은 양의 산림을 훼손해야 하고, 땅을 깎고 흙을 퍼다 나르고 펴는 작업을 해야 한다. 운영 중에 발생하는 자가용 배기가스에 따른 대기오염은 옵션이다.

이렇듯 정말 인간과 자연이 공존하는 지구에서, 인간의 어떠한 선택이 조금 더 친환경적이고 지속가능한 해결책인가에 대해서는 조금 더 깊은 사유와 연구가 필요한 것이다. 설령 대기오염 때문에 알프스산맥의 자동차나 기차 통행을 막는다 하더라도, 스위스에서 프랑스 리옹을 지나 이탈리아의 제노아를 통해 밀라노에 돌고 돌아 간다면 더 많은 이산화탄소와 질소산화물을 배출하며 움직일 수밖에 없기 때문이다.

천혜의 자연을 가장 잘 지키기 위한 방안은

몇 년 전 수도권 광역급행철도 A노선의 환경영향평가에 대한 논의 중 북한산 국립공원을 관통하면 안 된다는 의견이 제시되었다고 한다. 물론 왜 북한산 국립공원 관통이 불가피한지에 대한 소명은 공사 시행사인 SG레일의 몫일 것이다.

하지만 철도라는 교통수단의 특성상 제 속도를 내기 위해서는 선로의 낮은 경사도 및 넓은 곡선 반경(고속철도의 경우 5퍼밀 이하의 경사도, 5,000m 이상의 곡선 반경 필요)이 요구되는데, 이렇게 국립공원이라는 이유로 노선이 우회되어야 한다면 '급행'철도의 제 목적을 실현하지 못할 수도 있다. 지하 100m가 넘는 곳에서 지나가는 터널이 북한산 환경에 어떠한 악영향을 미치는지, 반대하는 쪽에서는 그에 합당한 이유도 내놓아야 할 것이다.

북한산 지역의 그린벨트를 풀자는 것이 아니다. 서울 시민의 허파와도 같은 북한산을 지키자는 데 이견이 있을 수는 없다. 다만 현재도 북한산을 통해 다니는 수많은 자동차와 광역 버스들이 내뿜는 온실가스 배출량과 전기 동력으로 움직일 광역급행철도의 온실가스 배출량을 비교할 수 있을까.

2010년 국토해양부가 발표한 교통수단별 온실가스 배출량 현황을 살펴보면 도로가 93.2%인 데 반해 철도는 2.4%에 불과하다.[11] 오히려 GTX와 같은 교통수단을 많이 만들고, 서울로 진·출입하는 차량의 수를 제한하는 것이 북한산을 지키는 일일 수 있다는 말이다.

서울시의 도로 면적은 얼마나 될까. 서울 열린데이터 광장의 자료에 따르면, 2018년 현재 도로 면적은 86.06km²인데, 이는 서울시 전체 면적인 605.2km²의 14.2%나 차지하는 수준이다. 여기에 철도 부지 및 철도 유휴 부지 중 일부까지 지하화하고 그 위를 활용할 수 있다면 얼마나 더 친환경적인 도시를 만들 수 있을까. 상상만 해도 기분이 좋아지는 순간이다. 이렇게 전환적인 관점은 우리 도시를 환경친화적이면서도 시민들이 더불어 잘 살아갈 수 있는 입체적 아이디어를 생각할 수 있게 만들어줄 것이다.

깊이 50m, 길이 50.3km에 이르는 수서평택고속선의 율현터널을 통해 수서, 성남, 용인, 동탄 등 다양한 지역에 활력을 불러일으킨 것이 그 일례라 할 수 있다. 이 새로운 고속 교통수단은 굳이 상부의 자연을 해치지 않으면서 수백만 명에게 큰 효용을 가져다주었다. 현대 인류는 이처럼 지하화를 통해 친환경적인 도시를 구현해나갈 수 있다. 알프스산맥 지하 2,450m까지 이르는 고트하르트 베이스 터널, 과연 스위스 사람들은 이 터널이 알프스산맥에 미치는 환경적인 영향을 어떻게 평가했을까. 57km에 이르는 길고 긴 터널을 대체하여 알프스산맥을 굽이굽이 흐르는 아리랑 도로를 통해 화물을 운반하면 그것은 과연 친환경적인 것일까.

오늘도 빨간 광역버스에 몸을 싣고 서울과 경기도를 오가는 수많은 직장인들과 대학생들을 보노라면, 과연 무엇이 친환경적이고 무엇이 시민을 위하는 것일지 곰곰이 생각해보게 된다. 물론 모든 건설공사에는 환경영향평가가 진행되어 환경 파괴를 최소화해야 하겠지만, 단순히 지하 터널을 만드는 일이 환경을 해친다는 일차원적인 생각은 너무나 전근대적인 사고방식일 것이다. 자연은 정말로 소중한 것이다. 그리고 나는 그저 많은 이들이 '터널의 역설'을 한 번쯤 고민해보길 바랄 뿐이다.

'연트럴파크'가 우리에게 말해주는 것들

얼마 전, 요즘 젊은 친구들이 많이들 찾는다는 서울 연남동에 다녀온 적이 있었다. 연남동이라 하는 동네는 분명 대학 시절 나의 주 서식지인 홍대입구역 3번 출구에서부터 시작하는 지역이라 내게 익숙할 만도 한데, 직접 가보기 전까지는 지극히 낯선 이름이었다. 행정구역상으로도 1975년에 생겨났다고 하니 그 시절에도 거기 존재했을 동네였던 건 분명하다. 그렇지만 동교동이나 서교동 혹은 상수동이나 망원동, 또는 제5공화국 시절부터 유명했던 연희동까지는 알았어도 이 연남동은 나에게 그야말로 듣도 보도 못한 동네였던 것이다.

연남동에 처음 발을 디딘 시점에 느낀 상쾌함은 이루 말할 수가 없었다. 한마디로 이국적인 느낌이라 할 수 있었는데, 연립주택과 단독주택의 조화, 그 주택을 둘러싼 모던한 디자인의 건물들과 연트럴파크로 일컬어지는 경의선 숲길의 조화가 인상적이었다. 말하자면 구조물과 사람 냄새가 적당히 어우러진

서울 연남동의 산책로

모습이었다. 연남동은 내게 마치 파리의 그 고즈넉한 뒷골목, 혹은 코펜하겐 스트뢰게 뒷골목과 같은 분위기를 선사했다. 아무리 용적률 높은 고층 건물을 사랑하는 나이지만, 이처럼 사람 냄새 풀풀 나는 동네는 나에게 원초적인 유럽 도시에 대한 동경을 다시 일깨워준다.

경의선 숲길을 걸으며 곰곰이 생각을 해봤다. 내가 군대를 포함하여 대학을 7년가량 다니며 이 동네를 여러 번 와봤을 터인데, 왜 나는 이러한 변화를 꿈에서라도 떠올려보지 못했을까? 생각을 거듭하니 간간이 이 연남동을 가로지르는 경의선 철길가에서 삼겹살이나 목살, 또는 돼지 껍데기 등을 구워 먹던 기억이 어렴풋이 만져지기 시작했다. 그래, 이곳은 원래 철길이었다. 서울에서 출발하여 의주까지 갈 수 있다는 그 철길. 물론 지금은 임진강역까지만 운행할 수 있어 '철마는 달리고 싶다'고 늘 외치는 그 철길 말이다.

궁금해서 찾아보았다. 지난 이십여 년간 어떤 변화가 있었는지를. 알아보니 기존에 딸랑딸랑 지나가던 경의선은 콘크리트 개착식(Cut & Cover) 터널•로 땅속 10-20m 밑에 내려갔고, 더 깊은 지하에는 30-40m 공항철도가 콘크리트 마제형 NATM(New Austrian Tunneling Method) 터널••로 생겨났다는 사실을 알 수 있었다. 그러니까 지하에는 지하 나름의 장점을 살려 일산으로 혹은 인천공항으로 갈 사람들을 빠르게 이동시키는 길을 뚫고, 이를 통해 지상은 경의선 숲길로 재탄생했다는 말이다.

예전에 철길이 남북을 갈라놓았을 때 내 기억 속에서 까마득히 잊혔던 연남동은, 그렇게 철길의 지하화를 통해 넓은 공원을 낀 아름다운 마을로 탈바꿈했던 것이다. 이쯤 되면 인프라가 우리 삶을 얼마나 변화시킬 수 있는 것인가에 관하여 쉽고 명료하게 알 수 있다. 이렇듯 인프라가 우리 삶에 영향을 미친 사례는 문명 초창기로 거슬러 올라갈 수 있다.

• 일반적으로 설치되는 재래식 공법의 터널로서, 땅을 파고(Cut) 콘크리트 터널 구조물을 만든 후 다시 덮는(Cover) 형식의 구조물.

•• NATM은 1956년 오스트리아에서 개발된 터널 굴착 공법의 하나로, 터널을 굴진하면서 기존 암반에 콘크리트를 뿜어 붙이고 암벽 군데군데 구멍을 뚫고 쇰쇠를 박아서 파들어가는 공법의 구조물.

인프라는 우리 삶에 얼마나 큰 영향을 미치는가

인류 문명 4대 발상지의 공통점은 강을 중심으로 탄생했다는 것이다. 나일강의 이집트 문명, 유프라테스강의 메소포타미아 문명, 그리고 인더스강 유역의 인더스 문명과 황하강의 황하 문명이 그것이다. 강 주변에 거주하다 보니 인류는 고대로부터 수리시설을 만들어 홍수나 가뭄 등의 피해를 막는 일에 힘을 썼다.

중국에서 기원전 2070년경 살았다고 전해지는 하나라 우왕의 헌신적인 치수사업은 현재 사오싱 시의 대우릉(大禹陵)이라는 가묘를 통해 보여주듯 지금까지도 존경의 대상으로 추앙받고 있다. 하나라 우왕은 다소 전설적인 인물이라 정확한 정황을 파악하기란 쉽지 않지만, 꽤 오랫동안 인류는 강의 범람을 신의 분노 등으로 해석하고 제사를 지내며 대처해나갔다.

하지만 16~17세기 동안의 과학혁명 이후 인류는 물의 특성을 파악하기 시작했고 다니엘 베르누이나 클라우드루이 나비에, 조지 스토크스 경과 같은 과학자들은 물의 움직임을 수식화·계량화하는 유체역학이란 학문을 정립해나갔다. 이후 토목공학자들은 유체역학을 바탕으로 수리학(水理學·hydraulics)을 연구하기 시작했고, 공학적 관점에서 강을 인간에 이롭게 만들어가기 시작했다.

내가 대학에 다닐 때 가장 어려웠던 과목을 꼽으라면 단연 유체역학(fluid mechanics)을 들 수 있다. 이 유체역학은 토목공학은 물론 기계공학, 화학공학, 선박공학, 항공우주공학 등 다양한 공학 분야에서 두루 배우는 학문인데, 복잡한 비선형 편미분방정식은 물론 연속방정식, 나비에-스토크스 방정식(Navier-Stokes' equation) 등 다양한 수식이 동원되며 수치해석의 영역까지 가야 하므로 공학도들에겐 늘 고난의 최종 보스 격의 학문으로 여겨진다. 언뜻 생각을 해봐도 사방으로 퍼져나가는 물의 움직임, 조금의 외부 환경 변화에도 무차별적으로 흩어지는 공기의 움직임, 공기라는 매질에서 흩어지는 음향의 움직임 등을 수식으로 정량화하고 예측하는 일은 매우 어려운 일임을 쉽게 예상할 수 있다.

이와 같은 과학혁명 시기 유체역학의 발달로 인해 인류가 더 쉽게 물을 다스릴 수 있게 되었던 것은 분명하다. 서울을 관통하는 한강의 예를 들어보자. 한강의 고수(高水)부지는 수위가 높을 때 잠기는 부지라는 뜻이다. 한강 상류에 다목적댐이 설치되고 고수부지와 같은 한강종합개발이 이루어지기 전까지 여름철 집중호우는 서울에 언제나 큰 재앙이었다.

송파구에 가면 1925년 발생한 을축년 대홍수 기념비가 있는데, 최종 집계된 피해 상황을 보면 사망자 647명, 가옥 침수 4만 6813채 등으로 추산피해액이 1억 300만 원가량에 달했다고 한다. 이는 당시 조선총독부 1년 예산의 약 58%를 차지하는 수준이라고 하니 그 엄청난 피해 규모를 짐작할 수 있다.[12] 그렇게 홍수에 취약했던 한강은 해방 이후 팔당댐을 비롯한 9개의 댐과 3개의 보, 그리고 한탄강 홍수조절지를 포함한 2개의 홍수조절지를 건설하기에 이른다.

그런가 하면 잠실 인근의 지역은 50여 년 전과 아주 다른 지형을 보여준다. 1934년 35가구 정도가 거주하던 잠실리의 경우 1971년 잠실지구 공유수면 매립공사로 섬에서 육지로 변모했다. 이 지역에는 현재 잠실본동에서 잠실7동까지 대략 5만 8000여 가구가 거주하고 있다. 50년이 채 되지 않은 기간 동안 이뤄진 치수사업으로 과거 한양에 존재하지 않던 대규모 주거단지가 새롭게 출현하게 된 셈이다.

인프라가 곧 보편적 복지인 이유

내가 어린 시절인 1980년대에 여름이면 홍수가 자주 찾아와 수해복구 방송과 수재민 돕기 성금 방송을 보던 기억이 난다. 노란 흙탕물에 잠긴 마을, 그 흙탕물 위를 떠다니던 소와 돼지, 그리고 건물 옥상에서 구조를 기다리는 사람들의 모습이 아직도 선명하다. 물론 우리 동네가 물에 잠긴 해도 있어 부모님께서 세숫대야로 물을 퍼내던 기억도 잊지 못한다. 위에서 말한 치수 관련 인프라의 발달이 없었다면 상대적으로 현재의 저소득층 분들은 훨씬 더 어려운 삶을 살았을 게 분명하다.

내가 자주 '인프라가 곧 보편적 복지'라 주장하는 바도 이러한 것과 궤를 같이한다. 지금이야 강변에 위치한 아파트가 전망과 여가 활동이 좋아 고가의 주택으로 취급받지만, 과거 인프라가 부족하여 한강이 범람하던 시절 강변은 취약계층의 전유물이었다. 이는 반세기 전의 우리나라, 그리고 현재 인도를 비롯한 저개발 국가에서는 여전히 일반적인 주거 양상이기도 하다. 언제 쓸려 내려갈지 몰라 행정구역도 애매모호한 곳에 거주하고 싶은 사람은 어디에도 없을 것이고, 그러므로 그런 공간에 거주하는 사람들은 그 사회의 취약계층일 것이기 때문이다.

하지만 이제는 여름철 하루 강수량이 300mm이든 500mm이든 한강의 범람을 걱정하는 사람은 드물다. 혹여 국지적인 홍수가 발생하더라도 이는 지천이나 하수관 용량의 문제이지 한강 자체가 범람하는 것은 아니다. 서울의 대표적인 상습 침수구역인 강남역 지하상가 역시 2018년 하수관 개선공사를 통해 다소 개선되었다. 현재 약 310억 원을 들여 개선 중인 역삼, 논현, 서초동 일대 역경사 하수관 개선사업이 이루어지면 이제 시간당 100mm의 비가 내려쳐도 2011년과 같이 침수될 일은 별로 없을 것이다. 거기에 강남역 인근 빗물이 저지대로 흘러가지 않고 곧장 반포천으로 흘러갈 수 있게 325억 원을 들여 반포천 유역 분리 터널공사까지 진행 중인데,[13] 이러한 변화가 있기에 서울과 같은 대도시가 이전보다 더 살기 좋아질 수 있다고 믿는다.

이 책을 쓰는 2020년 여름 홍수는 많은 사람들의 마음을 할퀴고 지나갈 만큼 큰 상처를 주었다. 섬진강의 지류인 서시천의 제방이 무너지고 구례 읍내가 강물로 가득 차는 모습을 보며 나도 크게 상심했다. 물론 이런 장면을 보며 인간이 만든 구조물에 대한 불신을 더 키우는 분들도 계시겠지만, 토목 엔지니어의 관점에서 보자면, 이런 일이 있을수록 더 튼튼한 구조물로 도시를 안전하게 지켜야겠다는 생각을 하게 된다. 홍수로 인해 제방이 무너지는 일을 방지하기 위해서는 주기적으로 강바닥을 준설하고 제방을 보강하여 계획홍수위를 저감시켜야 하는 것이다.

20년 전 연희동과 동교동을 단절시켰던 경의중앙선은 더 이상 우리 눈에 보이지 않는다. 사람들의 통행을 단절시키고 주기적으로 소음을 안겨다 주었던 경의중앙선은 공항철도라는 새로운 교통수단과 더불어 지하로 자리를 옮겨가고, 지상에는 도심의 쾌적한 공원이 재탄생하게 되었다. 인프라는 이렇듯 부지불식간에 우리 삶을 변화시킨다. 기존 X와 Y축의 수평적인 시야로만 바라보던 관점에서 Z축이라는 수직적인 개념이 들어서는 순간, 우리는 입체적으로 도시를 바라볼 수 있게 될 것이다.

콘크리트, 현대 문명의 아낌없이 주는 나무

콘크리트라는 단어를 들으면 가장 먼저 어떤 생각이 드는가. '콘크리트 지지율'이라는 표현에선 이 단어가 딱딱하고 변하지 않는다는 의미로 쓰일 것이고, 콘크리트의 일본어 발음에서 유래된 '공구리'는 다소 투박한 느낌이 들 것이다. 그런가 하면 간혹 신축 콘크리트 건물에서 시멘트 독이 나온다며 콘크리트의 유해성을 강조하는 분들도 계신다. 이렇듯 콘크리트라는 단어를 접하는 분들의 생각은 다 제각각일 것이다.

물론 콘크리트의 유해성 논란에 대해선, 이 재료의 연구를 통해 계속해서 개선해나가고 있다. 신축 건물 내부의 암모니아 농도는 일반 대기 중의 농도보다 높으며, 콘크리트가 마모되면 미세분진 속에 크롬이 함유되어 인체에 유해한 영향을 미칠 수는 있다. 다만 우리가 콘크리트와 맞닿아 거주하는 것은 아니기에 이러한 유해물질이 꼭 그대로 전해진다고 볼 수는 없으며, 선진국을 중심으로 콘크리트 내 크롬 함유량을 규제하고 있으니 우리나라도 이를 따라 규제를 조금씩 강화해나갈 필요도 있을 것이다.

가끔은 콘크리트에서 나오는 방사능 물질인 라돈(원소기호 Rn, 원자번호 86)을 가지고 문제를 제기하는 분들도 계신다. 그렇지만 라돈이라 하는 물질은 자연 상태 암석이나 토양 중에 존재하는 물질의 방사성 붕괴에 만들어지기 때문에 지구상 어디나 존재하는 자연 방사성 물질이다. 질병관리본부 자료에 따르면 라돈의 방사선 노출량 중 지표, 음식·음료수, 건물 등에서 발생하는 자연방사선이 85%를 차지한다.[14] 이를 두고 콘크리트에만 과도하게 문제를 제기하는 것은 무리가 있다.

유엔방사능영향과학위원회(United Nations Scientific Committee on the Effects of Atomic Radiation, UN SCEAR)에 따르면 주거 공간의 세계적인 평균 라돈 농도는 39 Bq/m^3로 추정되는데, 이는 국가마다 차이가 있다고 한다. 라돈 농도가 국가마다 다른 건 역시 신규주택이나 구주택의 차이라기보다는 토양 그 자체의 영향이 크다고 볼 수 있을 것이다. 우라늄 함유량이 높은 토양 위에 세워졌거나 토양의 침투성이 높은 지역에 지어진 주택의 라돈 농도가 높은 편이라고 한다.

새집증후군도 여러 가지 이유가 존재하겠지만, 이는 콘크리트 자체보다 내장재나 도료, 각종 마감재에서 방출되는 포름알데히드(HCHO) 등 휘발성 유기화합물이 더 큰 문제일 수 있다. 원목이나 가죽 소파에도 방부제와 색을 내는 염화메틸렌 등이 사용되며, 벽지나 장판 등에서도 유해물질은 나오기 마련이다. 물론 내가 콘크리트의 유해성이 아주 없다고 말하고자 하는 건 아니다. 콘크리트 자체를 유해하다고 꺼린다면 집을 이루는 다른 재료들도 사용하기 어렵다는 말이다. 이와 관련해선 지속적인 연구를 통해 규제와 제도를 마련하여 적정 수준으로 안전하게 관리하는 것이 중요할 것이다.

인간의 곁에 콘크리트가 없었다면

나는 건설공사를 위해 서남아시아와 중동에서 근무한 적이 있다. 이들 지역의 상당수는 상하수도 시설이 구축되지 않아 하루 30mm가량의 비만 내리더라도 온 동네가 침수되는 일이 다반사였다. 동네가 비로 침수되면 지반이 약해져 일부 건물이 무너지고, 이따금씩 교량도 무너져 도시 기능 자체가 마비된다. 그럴 때 더 무서운 일은 전기는 물론 깨끗한 물을 구하기 어려워진다는 것이다. 이쯤 되면 우리나라의 상하수도 인프라가 정말 그리워지게 된다.

이러한 하수도 시설 역시 콘크리트가 없었다면 불가능했을 것이다. 하수처리장은 모두 콘크리트 구조물이며, 하수도관 역시 콘크리트 흄관으로 이루어지기 때문이다. 물론 상수도 시설의 침사지•, 취수펌프장, 침전지••, 여과지••• 등 정수시설은 물론 배수지나 양수장 역시 모두 콘크리트 시설물이다. 이렇듯 콘크리트는 현대문명을 지탱하는 데 없어서는 안 될 중요한 존재이지만, 간혹 환경 파괴적인 물질 또는 도시의 답답한 풍경을 상징하는 대명사처럼 여겨지기도 해서 안타깝다.

몇 년 전 영국의 의학 전문지인 《British Medical Journal》의 설문조사에 따르면, 1840년 이후 의학계 성과 중 1위는 하수도와 깨끗한 물이었다.[15] 항생제와 마취, 그리고 백신과 DNA 구조 발견은 그다음 순위였다. 20세기 들어 보편화된 하수도 시설 덕분에 인류는 수인성 전염병에서 해방되었고 평균수명이 약 35년가량 늘어날 수 있었다. 물론 이는 영국이나 우리나라와 같은 선진국의 이야기지, 여전히 저소득 국가 혹은 개발도상국에서는 안전하지 않은 물, 위생 때문에 매년 백만 명이 넘는 사람들이 죽어가고 있다.

이왕 시작했으니, 나는 여기서 콘크리트 예찬을 좀 더 이어가보고 싶다. 콘크리트가 여타 재료에 비교해 훌륭한 점은 원하는 위치에서 원하는 모양으로 쉽고 싸게 만들 수 있다는 점이다. 주조를 위하여 용광로와 같은 설비가 필요한 것도 아니고, 원재료를 마련하기 위해 울창한 숲을 훼손할 필요도 없다. 그리고 사용이 완료된 콘크리트는 순환골재로 도로의 보조기층••••이나 동상방지층•••••으로 재활용되어 환경을 해치지도

• 토사를 함유한 원수로부터 침전법에 의하여 토사를 제거하는 못.

•• 정수장이나 하수처리장 등에 설치하여 부유물질을 침전시키는 못.

••• 정수장 시설의 하나로서, 상수도의 수원지에 있어서 하천이나 호소(湖沼) 등에서 끌어들인 물을 여과하기 위한 못.

•••• 도로포장에서 노상 위에 위치하여 표층에서 전달되는 교통 하중을 노상에 고르게 나누어주는 중간 부분의 층.

않는다. 콘크리트라는 재료가 없었다면, 우리는 도시에서 대중교통과 집단에너지사업을 활용하여 1인당 온실가스 배출을 낮추며 효율적으로 공존할 수 없었을 것이다.

참고로 순환골재 재사용은 공공건설공사를 중심으로 환경부와 국토교통부가 적극적으로 장려해나가고 있다. 국토부도 아니고 환경부가 장려하는 콘크리트의 재활용이라니, 재미있지 않은가? 이렇듯 우리 사회의 환경을 보전하는 일은 꼭 사용 자체를 하지 않는 것보다 재활용을 통한 지속가능한 시스템 구축이 답일 수도 있다. 2017년 우리나라에서 발생한 전체 폐기물 중 재활용 비율은 86.4%인데, 건설폐기물은 98.1%가 재활용되고 있다.[16] 사실 철근이나 콘크리트 같은 것들은 딱히 썩거나 가연성 물질도 아니므로, 조금만 생각해보면 무난하게 예측할 수 있는 부분이기도 하다.

콘크리트가 없었다면 건폐율을 낮추고 용적률을 높이는 식으로 공간을 효율적으로 활용해서 대지 면적의 절반 이상을 조경으로 감싸는 입체적인 고층 아파트도 지을 수 없었을 것이다. 일부 사람들은 시멘트 제조 과정에서 발생하는 온실가스를 비판하기도 하는데, 만일 콘크리트를 철이나 나무로 대체한다면 훨씬 더 많은 환경 파괴가 일어날 수밖에 없다. 건설비용의 상승과 비효율 역시 무시하기 어렵다. 인류 문명은 돌을 깨

••••• 겨울철에 눈이 많이 내리고 기온이 현저히 낮아지는 지역에서 도로를 포장할 때, 노면의 동상을 방지할 수 있는 재료를 이용하여 포장하는 층.

서 도구를 만들던 구석기시대에는 채집경제에 불과했지만, 점토로 토기를 만드는 신석기시대에 생산경제로 진입하여 농경사회 정주 문명으로 변모할 수 있었다. 오랜 시간 평면의 공간 활용에 머물렀던 인류에게 도시를 입체적으로 기획할 수 있게 만들어준 콘크리트. 이 콘크리트는 토기나 청동기 등 인류 문명을 바꾼 도구와 같이 우리 사회를 크게 변화시킨 재료로 볼 수 있는 것이다.

살아 숨 쉬는 유기체처럼, 연속적이고 정교한

그렇다면 이런 콘크리트는 어떻게 만들어지는가. 콘크리트를 이루는 가장 중요한 재료는 시멘트이고, 시멘트 중에서 가장 널리 쓰이는 것은 포틀랜드 시멘트다. 포틀랜드 시멘트를 만들기 위해 필요한 원료는 석회석, 점토, 규석, 산화철, 석고 등이며 석회석과 점토가 전체 중량의 90%가량을 차지한다.

시멘트의 경우 약 4,500년 전 고대 이집트 피라미드를 만들 때부터 사용했다고 알려져 있다. 시멘트는 석재를 쌓기 위한 접착제나 외장석 재표면의 '몰탈(mortar)' 도포를 위해 사용되었는데, 역사적으로는 석회석을 구워서 만든 생석회와 석고를 구워서 만든 소석고가 주로 쓰이곤 했다. 물론 현대 시멘트의 원형은 18세기 영국 포틀랜드 지방에서 시작되었다고 보는 것이 일반적이고 이는 포틀랜드 시멘트라는 이름으로 우리 곁에 남아 있다.

우리 모두 중·고등학교 다닐 때 배웠던 내용이지만, 우리나라에서 이러한 석회석이 풍부한 지역은 강원도 동해, 삼척, 그리고 경북 울진, 충북 제천 등지라 이 지역에 시멘트 공장이 다수 존재한다. 노천광산에서 채굴된 석회석은 크러셔(crusher)• 를 통한 1, 2차 분쇄 후 공장으로 넘어가게 되며, 공장에서는 약 1450도에 이르는 고열 소성(燒成) 과정을 통해 시멘트 클링커(clinker)••를 만들어낸다.

이후 클링커는 냉각 및 분쇄 공정을 거치고, 이 과정에서 석고를 3~5%가량 첨가하여 미립자 혼합물로 만들면 우리가 건설 현장에서 흔히 볼 수 있는 포틀랜드 시멘트가 만들어져 포장된다.[17] 이 시멘트에 물과 자갈, 모래 등을 섞으면 콘크리트 반죽이 되며, 이 혼합물을 원하는 형상의 거푸집에 넣으면 몇 시간 안에 단단하게 굳어버린다. 대략 28일 정도 지나면 수십 년을 사용해도 될 만큼 원하는 강도가 나오고, 우리는 이 콘크리트 덕분에 현대 문명사회를 만들어나가고 있다.

처음 건설 현장에서 콘크리트 배합을 했을 때, 생각보다 상당히 정교하게 배합(mix)되는 시스템을 보고 놀란 적이 있다. 사실 콘크리트 배합이 잘못되어 원하는 강도가 나오지 않으면 다 지어진 구조물을 깨는 경우도 존재한다. 그런 리스크가 발

• 암석 등을 분쇄하여 쇄석을 만드는 기계.

•• 조합(調合)된 시멘트 원료를 반용융 상태로 소성하여 만들어진 암녹색의 덩어리.

콘크리트를 타설하는 현장

생하지 않도록 가급적 원하는 강도(strength)보다 더 높은 수준의 강도를 발현할 수 있게 배합하는 것이 권장되고 있다. 콘크리트는 살아 숨 쉬는 유기체와 같은 특성이 있어서 가급적 끊어지지 않게 연속성을 유지해야 하며, 이 때문에 건설 현장에서 가까운 곳에 배치 플랜트(batch plant)가 있는 것이 일반적이다.

상기와 같은 이유로 서울에는 레미콘 공장이 여전히 몇몇 존재하고 있다. 아쉽게도 구로구와 성동구에 위치했던 레미콘 공장이 최근 영업을 중지해 점점 서울에 신규 조성되는 건축물의 품질을 유지하기 어려워지고 있다. 내가 처음 콘크리트를 치는 날, 밤새 펌프카와 레미콘 차량의 효과적인 동선을 고민하던 것이 생각난다. 구조물을 시공할 때 콘크리트를 타설하는 날은 늘 긴장되는 날이다. 마치 오랜 기간 뮤지컬을 준비한 팀이 공연하는 것과 같이, 오랜 기간 철근과 거푸집으로 준비한 팀이 비로소 구조물을 형상적으로 완성하는 날이기 때문이다.

이집트의 피라미드부터 현대 문명에 이르기까지

콘크리트는 앞서 이야기한 바와 같이 과거 고대 이집트 문명 때부터 사용했던 재료이지만, 여기에 인장력(물체를 잡아당기는 힘)이 가미된 철근 콘크리트가 사용된 역사는 불과 150여 년에 불과하다. 철근과 콘크리트의 열팽창 계수가 거의 같다는 것은 우리 인류에게 축복과도 같은 일이었다. 콘크리트는 본래 압축에 강한데, 철근은 늘어나는 힘인 인장에 강하다. 사실 콘크리트 자체는 잡아당기는 힘인 인장력이나 잘리는 힘인 전단력에 저항할 능력이 그렇게 크지는 않다. 압축시키는 힘에는 매우 강하지만, 콘크리트 단독으론 부족한 부분도 있다는 말이다.

이러한 이유로 콘크리트 안에는 철근이 사이사이 박히게 된다. 철근은 콘크리트에 부족한 인장력이나 잘리는 힘(전단력)에 강하기 때문이다. 그런데 철근이 구조용 재료로 쓰이기에는 치명적인 단점이 있었으니, 공기 중에서 쉽사리 부식되는 점이 그것이다. 하지만 이것도 콘크리트와의 궁합으로 인해 해결될 수 있었다. 알칼리 성분인 콘크리트 속에서는 공기 유입도 차단되고 산화 방지 피막이 형성되어 부식이 잘 되지 않기 때문이다.

이러한 철근과 콘크리트 콤비 덕에 우리는 오늘도 집에서 편안히 잠을 자고, 깨끗한 물로 샤워를 하고 목을 축이며, 높은 건물에서 일을 한다. 나는 콘크리트라는 재료가 만들어지는 과정을 보며 문득 미국의 아동문학가 쉘 실버스타인(Shel Silverstein)이 쓴 동화 『아낌없이 주는 나무(The Giving Tree)』가 떠오른 적이 있다. 콘크리트는 석회암으로 태어나 고온의 시련을 견디고 건축 재료로 만들어진다. 건축물에 타설된 후 수십 년이 넘게 인간들의 생활환경을 만들어주고, 철거 후에는 도로용 재료와 같은 순환골재로 재활용되어 자동차가 주행할 수 있는 환경을 만들어준다.

이러한 콘크리트야말로 현대사회의 아낌없이 주는 나무가 아니겠는가.

보도블록을 위한 변명

인류사에 있어 20세기는 수많은 실험들이 진행되었던 시기이다. 거기서 필자가 가장 흥미롭게 들여다보는 것 중의 하나는 공산주의다. 사람은 기본적으로 모두 평등하다는 사상이 기반이 된 공산주의는 산업혁명 이래 자본주의 사회가 보여준 물질적, 도덕적 폐해를 도려내고 자본재의 공유를 통한 국가의 현대화를 표방했다는 점에서 일견 매력적으로 보일 수 있다.

하지만 실제 공산주의를 실현한 소련과 중국의 계획경제 역사를 톺아보면, 그게 그렇게 이상적으로 이루어지기는 어렵다는 사실을 잘 알게 된다. 굳이 집단 테러, 집단화와 기근, 굴라크의 공포 등까지 가지 않더라도, 당장 경제적으로 어려워져 몰락한 두 국가의 체제만 봐도 지속가능한 구조가 아닐 것이다.

생산수단을 모두 국가가 소유하는 계획경제의 문제점은 중앙의 계획을 모두가 따라야 한다는 점에서 있다. 사실 모스크바에 아무리 유능하고 똑똑한 관료가 있다 하더라도, 동북아의 하바롭스크 어느 디젤기관을 만드는 공장의 볼트가 얼마나 부족한지 알 수는 없는 일이다. 비극은 그 볼트의 수량을 모스크바의 엘리트들이 다 통제할 수 있을 것이라는 자신감으로부터 시작되었다.

이렇다 보니 지역의 각 기업들은 국가권력의 틈새를 피해 꾀를 부리기 시작했다. 예컨대 중앙에서 못을 1,000개 만들라고 할당하면 바늘과 같이 가는 못을 1,000개 만들기도 했고, 이에 문제의식을 느낀 중앙정부에서 다시 못 3톤을 만들라고 하니 해당 기업에서는 1톤짜리 못을 3개 만들었다고 하는 식으로 말이다. 이처럼 공산주의의 계획경제는 실제 사회에서 적용하기 어려운 문제점을 만들어 현재는 역사 속의 자취를 거의 감추게 되었다.

보도블록과 유모차의 민주주의

흔히 사람들은 연말만 되면 보도블록을 교체하여 예산이 낭비된다고 한다. 하지만 다른 관점에서 본다면 이런 보도블록의 교체는 앞서 말한 공산주의의 폐해를 지양하고 극복한, 민주주의 인프라의 단적인 예로 볼 수도 있다. 보도블록 교체의 주체는 보통 중앙정부가 아닌 지방자치단체인데, 이 지방자치단체 시민제안방을 보면 보도블록과 관련된 민원이 상당히 많은 것을 확인할 수 있기 때문이다.

평소 자동차를 타고 다니며 보도블록을 먼발치에서만 바라본다면 별 문제의식을 못 느낄 수 있다. 보도블록을 걷는다 하더라도 보통의 성인이라면 높낮이의 차이가 있어도 별문제가 없겠지만, 노인이나 유아의 경우 그 높낮이의 차이로 인해 넘어질 확률이 증가하게 된다. 이게 유모차를 끌고가면 확실히 느낄 수 있는데, 이러한 종류의 민원을 지자체는 그저 무시할 수 없는 일이다.

십여 년 전, 우리 집 아이가 처음 태어났을 때도 마찬가지였다. 누구나 그렇겠지만 초보 엄마 아빠들의 가장 큰 고민은 어떤 유모차를 사느냐 하는 것일 테다. 유모차는 몇만 원대에서부터 몇백만 원대까지 그 가격의 범위가 너무 크다 보니, 경험이 없는 부모는 어떤 유모차를 사는 것이 가장 합리적인지 감이 잘 잡히지 않는다. 부모가 되기 전까지는 나도 고가의 유모차를 그저 과시심리의 하나로 이해했다. 하지만 막상 유모차를 사기 위해 알아보니 유모차 세계에도 그 주행성은 중요한 요소라는 것을 인지했다.

덕분에 조금 부담이 되었지만 바퀴에 공기가 없는 솔리드 타입이 아닌 자전거와 같이 공기압 타입의 큰 바퀴가 달린 것을 구매했다. 처음엔 조금 사치를 부렸나 하는 후회가 되기도 했지만, 이내 울퉁불퉁한 보도블록을 다니면서 잘 샀구나 하는 생각이 들었다.

사람들은 본인의 소비는 합리적이라 생각하지만 타인의 그것은 대개 과소비나 필요 없는 소비로 쉽게 폄하하곤 한다. 하지만 누구나 자신의 지갑을 열기 위해서는 합리적인 사고를 하기 마련이며, 그 기준은 가성비일 수도, 효용의 극대화일 수도 있다. 같은 금액이라도 누군가는 자전거를 사는 것이, 누군가는 여행을 즐기는 것이, 누군가는 로또를 사는 것이 더 행복하게 여겨질 수도 있는 것이다. 그렇게 획일화되지 않은 방식으로 각자의 효용을 극대화시키는 것은 민주주의 사회를 살아가는 국민의 기본권이기도 하다.

도시 인프라의 시간과 역사에 주목해야 할 이유

공학적인 관점에서 접근해보자면, 현재 우리나라 사람들이 다수 거주하는 지역은 해방 이후 형성된 지반이 대부분이다. 강남이 서울시에 편입된 것이 1963년의 일이고, 본격적으로 강남에 사람들이 거주하기 시작한 시기는 1970년대이다. 1970년대 계속해서 개발된 잠실과 여의도, 1980년대에 개발된 목동 신시가지, 1990년대 개발된 분당과 일산 등 1기 신도시를 고려해보면, 우리는 대부분 수십 년 내 조성된 젊은(?) 토지 위에 거주하고 있는 것이다.

이러한 신규택지는 산을 깎고 낮은 지역을 메꾸며 조성하게 된다. 밤섬을 폭파하여 여의도 윤중제*의 자재 조달을 했던 것만 봐도 이를 알 수 있다. 이것은 비단 서울만의 일은 아니다. 인천 연수, 대전 둔산, 광주 하남, 대구 수성, 부산 해운대 등 광역시 1기 신도시는 물론 창원 상남동, 전주 서신동, 충주 용암동, 순천 조례동, 충남 계룡시 등 현재 인구밀도가 높은 지역은 대부분 그 역사가 몇십 년 되지 않는다. 그러다 보니 자연스럽게 토지 자체가 안정적이지 않고, 해당 지역의 지반이 수축되는 압밀(consolidation)에 따른 침하는 시간이 지남에 따라 여전히 계속 진행되고 있다.

아파트와 같이 구조물이 올라가는 곳은 물론 파일•• 시공을 비롯한 기초공사를 해서 침하(settlement)의 우려가 없다고 볼 수 있지만, 도로, 그중에서도 보도와 같은 곳은 다짐을 제외하고서는 특별히 지반보강공사를 수행하지 않는다. 새로운 땅이 시간이 지남에 따라 침하된다는 것은 직접 체감되진 않을 수 있다. 허나 1994년 개항 이후 매년 6cm가량씩 침하되었던 일본 오사카의 간사이공항의 사례를 보면 이 현상을 직관적으로 이해할 수 있다.

서해 바다 위에 지어진 인천공항의 공사 중 침하량은 0.5m였으며, 향후 20년간 잔류침하량은 2.5cm였다. 공사 이후 잔류침하량 관점에서 보자면 일본 간사이공항이 150cm, 싱가포르 창이공항이 20cm, 홍콩 첵랍콕공항이 10cm였다.[18] 즉, 이는 지구 어디를 가나 일반적인 현상인 것이다. 여기에 또 주목해야

• 하천 가운데의 섬을 보호하기 위하여 그 주위에 만든 제방.

•• 수십 미터의 콘크리트 혹은 철로 이루어진 기둥을 구조물 밑에 위치시켜 무게를 받치게 하는 구조.

할 문제가 있다. 지반은 위치별로 특성이 달라 다 같이 침하되지 않고 부등침하(differential settlement)가 이루어지며, 이 때문에 주행성이 좋지 않게 된다는 게 그것이다. 어느 한쪽은 움푹 들어가고 다른 한쪽은 나무 뿌리에 의해 볼록 올라오기 때문이다.

혹자는 보도블록이 아닌 아스팔트로 포장하면 괜찮을 것이란 말을 한다. 그것도 완벽한 대안은 아니다. 애초에 부등침하라는 건 보도블록 밑에서 발생하는 것이라 포장재질이 바뀐다고 그 문제가 해결되지는 않기 때문이다. 게다가 가로수의 뿌리가 점점 커져서 발생하는 부등침하는 아무리 튼튼한 아스팔트 포장이라 할지라도 단차를 만들고 포장이 깨져 사용성이 안 좋아지기 마련이다. 이쯤 되면 재시공에 더 많은 비용이 발생한다.

그렇다면 유럽은 왜 우리와 다를까? 유럽의 도시는 사람이 산 지 천 년이 넘은 곳들이 대부분이다. 그러니 나무도 자랄 만큼 자랐고, 땅도 이미 충분히 다져졌고, 더 이상 보도블록 교체 같은 것은 필요 없을 수 있다. 괜히 로마나 파리에 가면 보도블록과 같이 오돌토돌한 돌이 큰 부등침하 없이 존재하는 것은 아닐 것이다. 이처럼 천 년이 넘은 도시의 인프라와 고작해야 수십 년 된 한국의 도시를 비교하는 것에는 무리가 따른다.

광화문 대로의 돌 포장을 바라보며

몇 년 전, 나는 광화문 대로에 가서 도로 자체가 아스팔트가 아닌 돌 포장으로 이루어진 것을 보고 다소 의아한 적이 있었다. 나는 비교적 보수적인 건설업계에서 근무를 해와서 그런지 태생적으로 참신하다, 혁신적이다, 이노베이티브하다, 뭐 이런 말을 그다지 좋아하지 않는다. 그저 오랜 기간 사용해 왔는데 문제가 없다거나, 안정적이라든가, 수많은 테스트를 통해 그 안전성이 입증되었다거나, 그런 말을 선호하는 편이다.

그런 내 눈에는 광화문 대로를 지날 때마다 도로의 포장이 눈에 밟히지 않을 수 없었다. 매일 수천 대 혹은 수만 대의 자동차 동하중(dynamic load)•이 작용하는 이 광화문 대로에 누가 아이디어를 내서 돌로 포장을 하려고 했는지 아쉬울 따름이었다. 토목공학에 있어 도로의 포장은 전 세계 어디를 가더라도 아스팔트 포장 혹은 콘크리트 포장이 가장 일반적이고 범용적으로 사용되는 현대 기술이다.

도로는 구조체의 일종으로 상부 하중을 하부로 잘 전달해야 하며, 균열이나 단차, 변형, 마모 등을 최소화할 수 있는 재료로 포장해야 한다. 여기서 조금 더 깊이 들어가보자면, 아스팔트 포장은 역학적인 측면에서 좀 말랑말랑하다 할 수 있는 가

• 지진, 바람, 진동과 같이 힘의 크기나 방향 등이 변화하여 구조물에 진동을 발생시키는 외력.

일부 돌 포장 구간을 아스팔트로 재포장한 광화문 대로

요성(flexibility)으로 분류되며, 고속도로에 주로 쓰이는 콘크리트 포장은 비교적 딱딱한 강성(rigidity)으로 분류된다.

그럼 딱딱한 콘크리트 포장을 하지 왜 아스팔트 포장을 주로 하는가. 아스팔트는 시공 방법이 비교적 단순하며, 건설 기간이 짧다. 시방 기준에 따라 다르지만 대체로 포설하고 한나절만 지나도 차가 지나다닐 수 있다. 아울러 소음이나 진동이 적으며, 필요 시 자르고 다시 시공하기도 쉬워 유지 관리 및 보수가 용이한 것도 주요 장점 중의 하나이다. 우리는 한 번 도로를 시공하면 다시 파낼 일이 없다고 생각하지만, 대부분의 전선, 상하수도관, 난방관, 광통신망 등 우리 사회의 유틸리티(utility)망은 그 도로 밑으로 지나가고 있고, 이것들이 고장 날 경우에

는 도로를 다시 파내는 작업을 종종 실시한다.•

아스팔트 포장이 콘크리트에 비해 유일한 단점이라 한다면 생애주기(life cycle)가 짧다는 측면이 있다. 대략 5~10년 주기로 유지 관리 및 보수가 이루어져야 하는 아스팔트에 비해 콘크리트는 20~40년가량의 주기를 보인다. 그래서 고속도로에서는 내구성이 긴 콘크리트 포장을 사용하는 것이고, 도심이나 국도에서는 유지 보수가 용이한 아스팔트 포장을 사용하는 것이다.

아스팔트, 석유, 그리고 콘크리트

아스팔트가 콘크리트와 다른 점은 또 하나 있다. 아스팔트는 어디까지나 석유가 재료인 까닭에 과거 유류파동 시기에 콘크리트 고속도로 포장이 이루어지기 시작한 에피소드도 있는 것이다.

예컨대 광주광역시 북구 문흥동에서 대구광역시 달성군

• 고속도로를 다니다 보면 종종 '연약지반 침하구간'이란 간판이 보인다. 이는 실트질 점성토층이 두껍게 형성되어, 공학적으로 시공의 건실성 여부와는 무관하게 준공 후에도 다소의 침하가 불가피한 곳을 말한다. 물론 계측관리가 잘되어 별 걱정 없이 주행은 하고 있지만, 각별히 주의가 필요한 장소이기도 하다. 그 도로 밑에 기반암까지 기초(Foundation)를 두고 튼튼하게 시공할 수는 있겠지만, 그렇게 하다 보면 도로 하나 짓는 데 수조 원의 예산이 투입될 가능성도 존재한다. 그래서 '연약지반 침하구간'이라 표시해두고 주행 시 다소의 침하가 발생하면 그것을 보수하는 식이 현실적으로 쓰이는 방식이다..

옥포읍을 잇는 광주대구고속도로는 1984년 개통 당시부터 2016년까지 88올림픽 고속도로라 불렸다. 그 개통의 역사를 짚어보면, 이 고속도로가 국내 최초의 전 구간 시멘트 콘크리트 포장임을 알 수 있다. 당시 신문기사 일부를 한번 들여다보자.

"건설 중인 88올림픽 고속도로(대구·광주 간 전장 175.2km)는 국내 최초로 전 구간 시멘트 콘크리트로 포장된다. 건설부와 88올림픽 고속도로 건설사무소는 지난해 10월 착공 당시 8개 공구 중 6개 공구만 시멘트 콘크리트 포장을 하고 나머지 2개 공구는 아스팔트 포장을 하기로 했었으나 시멘트가 아스팔트보다 튼튼하고 공사비가 싸기 때문에 전 구간을 시멘트 포장으로 바꾸기로 했다.

아스팔트는 수입해서 써야 하나 시멘트는 국산 재고가 남아도는 형편이다. 시멘트 포장은 값이 싼 대신 시공 기술상 어려움이 많고 자동차 타이어가 많이 닳는다는 단점이 있다. 지난해 10월 26일 착공한 88올림픽 고속도로는 그동안 8개 공구별로 공사가 순조롭게 진행돼 24일 현재 총 공정의 20.7%가 건설됐다."[19]

기사 본문에선 시멘트 콘크리트의 정당성을 부여하기 위

해 시멘트의 장점을 주로 열거되고 있지만, 사실 그 정책의 근원을 찾으려면 1978년부터 1981년까지 이어진 2차 석유 파동을 이해해야 한다. 당시 국제유가는 6개월 만에 2.3배가 올랐으며, 연간 10% 넘게 성장하던 1980년 우리나라의 경제 성장률은 기록적으로 마이너스를 기록했다.[20] 따라서 아스팔트와 같은 수입에 의존해야 하는 석유 원재료 사용을 제한해야 하던 시대적 배경이 있었던 것이다.

역시나 처음 만들었을 때 그 매끈하고 이쁘던 광화문 대로의 석재 포장은 오래가지 못했다. 몇 년의 시간이 지나 단차가 발생하고 구덩이가 파이는 현상이 발생하여 덕지덕지 아스팔트로 보수가 이뤄진 볼썽사나운 모습을 드러냈다. 이것도 콘크리트로 보수하면 색이라도 맞춰질 것을, 양생 기간 때문에 민원이 급증할 것을 걱정한 나머지 색의 차이가 극명하게 드러나는 검은색 아스팔트로 땜질을 했고, 결국 10년도 되지 않아 다시 전면 아스팔트 포장으로 교체했던 것이다.

아마도 누군가 정책을 추진하는 분들 중에 로마나 파리에 가서 그곳 도로는 돌멩이로 만들어서 참 이쁘더라, 그런 말을 했을 수 있다. 하지만 그러한 도시는 앞서 언급한 바와 같이 도로포장이란 개념이 이천 년 전부터 있던 동네라 지반이 충분히 다져진 곳이다. 따라서 침하나 높낮이의 차이는 이미 긴 시간으로 없어진 상태이다.

서울의 역사가 600년이라 하지만, 도로포장의 관점으로 보자면 고작 50년 정도밖에 되지 않은 공간이다. 현 시점에서는 어떤 도로라 할지라도 예상치 못한 단차나 침하가 발생할 가능성이 농후한 것이다. 본래 모래밭이었던 잠실섬과 같은 매립지나, 평탄화 작업부터 시작한 일산과 분당 등 1기 신도시에 조성된 택지는 더더욱 그 위험이 크다고 할 수 있다.

'전진 앞으로'의 인프라 구축은 지양해야

이렇듯 현대 문명이라 할지라도, 인간은 기술을 제대로 사용한 지 그리 오랜 시간이 되지 않았고, 그 기술들은 아직 다소 미완성인 부분이 존재한다. 건설 당시 매우 혁신적인 현수교였던 미국의 타코마 대교(Tacoma Narrows Bridges)는 공기역학적 문제라는 예상치 못한 변수에 의해 무너진 적이 있다. 뉴욕의 명문 콜럼비아 대학교 토목공학과를 졸업하고 금문교 설계에 참여한 설계자로 당시 촉망받던 인재였던 레온 모이쉐프(Leon Moisseiff)는, 1930년대 당시로서는 혁신적으로 적은 양의 강재(steel)를 사용하는 현수교 설계를 워싱턴주에 제안했다. 여타 기술적으로는 완벽했던 이 타코마 대교는 1940년 완공된 지 몇 달 후 결국 바람에 의한 진동과 뒤틀림으로 무너졌다. 이는 토목공학뿐만 아니라 물리학, 기계공학 등 다양한 학문에 실패

사례로 널리 알려져 있다.

나는 부디 우리 정부와 지자체가 너무 새롭고 획기적인, 최첨단, 신공법, 이노베이티브, 이러한 것에 열광하여 정책을 추진하지 않았으면 한다. 그러한 리스크(risk)가 내재된 부분은 민간의 영역에 두고, 공공 정책의 관점에 있어서는 가능하면 안전하고 검증된 것들을 추진함이 바람직할 것이다.

다시 보도블록에 관해 말하면서 글을 마무리해보자. 물론 연말에 남은 예산을 지자체가 알 만한 지역 업체를 통해 낭비할 가능성도 존재하고, 실제로 그런 지자체도 있을 것이다. 하지만 보도블록을 갈아엎는다고 그저 적폐로 바라보는 것 또한 조심스러워야 할 것이다. 누군가는 이렇게 높낮이 차이가 크게 벌어진 보도에서 사고가 날지 모르는 일이며, 누군가에게는 절실히 해결이 필요한 일일 수도 있기 때문이다.

그런 관점에서 우리 주변의 시설물이 변해가는 모습을 바라보고 적극적인 목소리를 내려고 노력해야 할 것이다. 보도블록을 가지고 지자체의 방만 운영을 탓할 수도 있지만 어찌 보면 중앙정부가 할 수 없는 영역의 정책적 디테일이 이 보도블록 교체 작업일 수도 있기 때문이다. 공학적인 관점에서 보자면, 나무 뿌리가 자라나는 것과 같이 주기적으로 신도시의 보도블록을 갈아줘야 하는 것이 일반적일 수도 있다.

이처럼 인프라 시설 하나만 보더라도 민주주의의 단면을 볼 수 있다. 중앙집권 권력이 '전진 앞으로' 하는 인프라가 아닌, 그것을 이용하는 시민 한 사람 한 사람의 목소리가 녹아들어가 개선되는 시설물의 존재는 우리에게 생각보다 더 많은 메시지를 전해주고 있다. 설령 그 시설물이 누군가에게는 불필요한 낭비처럼 보일지라도 말이다.

싱가포르의 수자원 이야기

지리적으로 말레이반도 끝자락에 위치한 도시국가 싱가포르. 싱가포르는 아시아에 몇 없는 선진국으로 평가받는다. 국토 면적은 서울보다 조금 큰 수준인데, 1인당 국민소득은 명목 달러화 기준 6만 불을 넘을 정도로 소위 상당히 잘사는 나라다. 싱가포르는 훌륭한 주택정책으로도 유명하다. 싱가포르 시민권자의 자가보유율은 2019년 기준으로 90.4%에 이르며, 이 중 78.6%가 HDB 공급 주택에 거주하고 있다.[21]

이 HDB는 한국어로 주택개발국('HDB', Housing and Development Board)이라 할 수 있다. 정부는 이 부처의 토지수용을 통해 국유화를 하고 저렴한 공공주택을 공급하는 시스템을 구현하고 있다. 이는 1959년 리콴유를 초대 총리로 하는 자치국가 설립 이후 정부가 추진한 자가소유정책의 결과물이다. 물론 싱가포르에 거주하는 외국인은 전체 인구 561만 명 중 167만 명으로, 상기 공공주택 정책은 싱가포르 시민권자들에게만 적용되는 혜택일 것이다.

이런 아시아의 선진국인 싱가포르가 현재 국가 프로젝트로 대대적으로 시행하고 있는 게 있었으니, 이름하여 DTSS(Deep Tunnel Sewerage System)라 하는 거대한 하수처리시설 시스템이다. DTSS는 우리가 흔히 지하철을 건설하는 데 사용하는 TBM(Tunnel Boring Machine) 기계를 가지고 직경 6.5m가량의 하수도 터널을 만들어 세 개의 대형 하수처리시설로 하수와 우수를 이동시키는 프로젝트이다. 직경 6.5m면 대략 서울 지하철 터널 직경과 비슷하며, 아파트로 치자면 높이 3층가량의 거대한 수준의 터널이다.

이렇게 거대한 터널을 시행하는 곳은 싱가포르의 PUB(Public Utilities Board)이라는 공공기관이다. 이 프로젝트를 통해 싱가포르는 버려진 물을 모아 정화하여 다시 사용하고자 한다. 프로젝트는 총 두 단계로 진행되고 있다. 1단계는 지난 2008년에 완료되었으며, 2단계는 얼마 전부터 착수하여 2022년 완공을 목표로 하고 있다.

이 거대한 터널은 지하 50m가량의 지점에 건설되는 중이다. 아마도 한국과 같이 일정 깊이 이하의 구조물에 대해서는 지하 부분 토지 사용에 따른 보상 의무가 변제되어 그 깊이가 설정되었을 것이다. 마치 수도권 광역급행철도(GTX)와 같이 말이다. 대부분 지하 40m 이하를 달리는 GTX의 경우 한계심도(depth limits)*를 넘기 때문에 지하 15~20m를 다니는 일반 지하철보다 보상 기준이 낮다.

DTSS (Deep Tunnel Sewerage System)

물 자급자족을 위한 싱가포르의 몸부림

싱가포르의 이런 수자원 프로젝트에는 만만치 않은 돈이 들어가고 있다. DTSS 프로젝트 1단계에는 34억 싱가포르달러(약 2조 9천억 원)가량이 소요되었다.[22] 이 1단계의 터널은 동쪽에 위치한 창이(Changi)공항 인근의 창이 하수처리장과 북쪽의 크란지(Kranji) 하수처리장을 연결하는 48km의 터널이다. 각 하수처리장에서는 하수의 고체와 영양소를 제거한 후 다시 정수장으로 보내는데, 여기서 최첨단 멤브레인(Membrane)•• 기술과 자외선 살균 과정을 통해 하수를 식수로 정수하는 과정이 진행된다.

DTSS 프로젝트 1단계를 거쳐, 싱가포르는 다시 남단에 위치한 2단계 터널 프로젝트를 시작했다. 이는 30km가량의 추가 대형 터널, 70km가량의 연결 하수구 등을 포함한다. 이와 함께 싱가포르는 남서쪽에 새로운 하수처리장인 투아스(Tuas) 하수처리장과 정수장을 신설하는데, 이것이 완공되면 해당 지역 수자원 수요의 55%를 처리할 수 있게 된다고 한다.

이렇게 싱가포르 정부는 DTSS 프로젝트를 통해 좁은 땅

• 토지 소유자의 통상적 이용행위가 예상되지 않으며 지하시설물 설치로 인하여 일반적인 토지이용에 지장이 없는 것으로 판단되는 깊이를 말한다. 일본에서는 대심도라고도 하며, 우리나라의 경우 통일된 기준은 없으나 일반적으로 고층 시가지는 40m 이하를 한계심도로 인정하고 있다.

•• 본래 인체 피부조직의 막을 뜻하는 단어이나, LNG 저장시설, 하수처리시설, 건물 내외부 방수공사 등에 쓰이는 막을 가리키는 용도로도 사용된다.

에 차지하고 있는 용수 처리시설을 지하와 바다로 옮김으로써 50%가량의 토지를 재사용할 수 있게 된다고 한다. 하수도는 기본적으로 상수도와 달라 중력식으로 흐르는 것이며, 그 경사도를 계속 유지할 수 없을 때는 중간에 가압장(Pumping station)을 두곤 한다. 이렇게 대규모 하수터널 시스템이 완공됨에 따라 육상에 위치한 토지 사용량의 면적이 대략 150ha가량 감축

DTSS 전체 계획도

될 것이라고 한다.

150ha면 1.5km^2이다. 이는 땅이 좁은 싱가포르 전체 면적의 0.2%가량을 차지하는 면적이다. 우리나라에도 상수도 가압장이 많이 존재하는데, 서울에 63개, 경기도에 590개를 비롯하여 한강권역에만 무려 1,176개나 위치하고 있다.[23] 이는 정수 과정이 끝난 물을 멀리 떨어져 있는 고지대 배수지로 옮기

기 위한 시설이다.

그렇다면 싱가포르는 왜 이렇게 수자원 시스템 재사용에 지대한 예산을 투입하며 획기적인 개선을 하고 있을까. 싱가포르는 서울보다 조금 면적이 넓은 도시국가로서 1960년대 싱가포르 자치령 시절부터 말레이시아 독립 연맹에 수도 요금을 지불하며 살아야 했다. 이후 말레이시아와 분리되며 외교적으로 갈등이 있을 때 말레이시아는 싱가포르를 감싸고 있는 조호(Johor) 지역의 물 공급을 중단한다는 협박을 하기도 했다고 한다. 이후 계속해서 싱가포르는 말레이시아와 물 협상을 실시하게 되는데, 말레이시아의 계속된 물 가격 인상으로 인해 어려움을 겪게 된다.[24]

결국 싱가포르는 앞서 언급한 PUB이라는 공공기관을 통해 정수 재사용 사업 및 해수담수화 플랜트 사업 등을 실시하게 된다. 현재 싱가포르의 물 사용량은 하루 4억 3천만 갤런 수준이며, 이 중 50%가량은 말레이시아 조호에서 수입하여 수요를 충족시키고, 나머지 수요는 물 재사용을 통한 정수장, 해수담수화 플랜트, 지역 저수지 등으로 충당한다고 한다.

이 수자원 개발사업을 통해 싱가포르가 추구하는 궁극적인 목적은 2062년 말레이시아와의 장기 물 공급 협정 만료 이전에 100% 자급자족을 실시하는 것이다. 싱가포르에는 맥리치(MacRitchie), 로어 피어스(Lower Peirce)와 같은 저수지가 많은데, 강수량이 많은 이 나라에서도 내리는 빗물도 가능하면 다 저장하여 재사용하길 원하기 때문이다. 물 자급률이 60%에 불과한 이 나라에서 이러한 정책은 어쩔 수 없는 몸부림일 수 있다.

싱가포르가 우리에게 주는 교훈은

물에 대한 절실함이 싱가포르만 겪고 있는 이야기는 아니다. 싱가포르와 유사한 형태의 도시국가인 홍콩 역시 오랜 기간 물 부족으로 어려움을 겪고 있다. 홍콩은 물 수요의 70%가량을 광동성의 수자원에 의존하고 있다. 이렇게 수자원 시스템이 확립되기 전인 1960년대에 홍콩은 가뭄이면 나흘에 한 번 물을 4시간만 공급하기도 했다. 이 때문에 홍콩의 화장실은 해수를 이용해서 물을 공급하기도 한다.[25]

싱가포르나 홍콩 정도면 앞서 기술한 바와 같이 아시아에서 경제적으로 상당히 윤택한 나라에 속한다. 그럼에도 생활필수품에 속하는 '물'로 인해 어려움을 겪고 있다는 사실은 꽤나 놀랍게 느껴진다. 이처럼 물과 수자원은 인류 문명이라면 누구나 최우선적으로 해결해야 하는 중차대한 과제인 것이다.

이쯤 되면 그래도 한강과 낙동강과 같은 큰 강이 존재하여 소양강댐이나 팔당댐을 통해 급수를 공급받는 우리나라는 축복받은 편이 아닌가 하는 생각이 들 것이다. 저 콸콸 쏟아지는 소양강댐의 수문을 보라. 완공 당시 동양 최대의 댐이었다고 하는데, 이것을 싱가포르 PUB 직원들이 얼마나 부러워할 것인가 하는 생각도 든다.

하지만 여기서 안심하면 곤란하다. 서울의 경우도 싱가포르의 사례를 벤치마킹할 필요가 있다. 먼저 서울의 하수도 시스템은 개발도상국 시절에 조성되어 노후화에 따른 다양한 문제를 야기하고 있다. 노후화된 하수관은 오수를 누출시켜 토양오염의 원인이 되기도 하고, 때로는 해당 지역 토양을 하수관 안으로 유입시켜 싱크홀의 주원인이 되기도 한다.

사실 도심 속의 홍수를 예방하는 데 가장 유효한 방법 중의 하나는 우수관 시스템의 용량을 키우는 것이다. 막대한 양의 비가 내려도 앞서 언급한 DTSS와 같이 대규모 우수관 시스템을 통해 한강이나 굴포천 등으로 처리할 수 있다면 도심이 물바다가 되어 차량을 침수시키거나 지하철 운행을 중단시키는 일은 방지할 수 있다.

특히나 지대가 낮은 강남역이나 양천구와 같은 곳에는 이와 같이 대규모 우수관 시스템은 필수적인 구조물이다. 서울시 역시 각각 1천억 원이 넘는 예산을 투입해 지하터널을 만들고 있다. 혹자는 이렇듯 큰 예산이 이러한 구조물에 투입되는 것이 낭비라고 지적한다. 그렇지만 이런 사회 기반 구조물이 있기에 과거에 자주 발생했던 집중호우에 의한 피해는 점점 역사 속으로 사라지고 있는 것이다.

서울에도 중랑, 난지, 탄천, 서남 등 물재생센터가 총 네 곳 존재한다. 이를 통해 싱가포르 정수시스템과 같이 조금 더 효율적으로 물을 재생시켜 다시 사용할 수 있다면 앞으로의 물 부족 현상도 방지할 수 있을 것이다. 이러한 수자원 시스템을 구축하는 일은 수천억 원에서 수조 원, 수십조 원의 예산이 필요한 일일 수 있으며, 이 예산은 SOC의 영역으로 분류된다.

최근 토건을 통한 인위적 경기 부양은 하지 않겠다며 20조 원 미만으로 SOC 예산을 줄인 적도 있지만, 여전히 우리 사회에는 상하수도를 비롯해 노후화된 SOC를 보수하고 개량할 부분이 많이 존재한다. 싱가포르의 교훈에 따라, 부디 이러한 수자원 시스템 개선, 대중교통 시스템 개선, 주거환경 개선 등의 미래를 위한 투자는 계속해서 이어갔으면 한다.

한강의 '월드컵대교'는 어느 월드컵을 기념하나

강변북로를 타고 자유로로 올라가다 보면 10년 넘게 공사 중인 교량을 볼 수 있다. 내가 신입사원 시절 입찰하기도 했던 구조물이라 자꾸 눈이 가는 이 교량은, 우리나라 역사적 사건과 밀접한 관련이 있는 교량이다. 2018년에 열린 러시아 월드컵 이전에 우리는 브라질, 남아공, 독일 월드컵을 차례로 흥미진진하게 지켜보았다. 그렇게 18년을 거슬러 올라가면 우리나라도 한·일 월드컵이란 추억의 대회를 개최한 기억이 존재한다. 아마도 현재 초등학생은 물론 중·고등학생들에게도 화석처럼 느껴질 그 한·일 월드컵 말이다.

그렇다. 상암동과 양평동을 잇는 이 월드컵대교는 18년 전의 2002년 월드컵을 기념하여 건설하고 있는 서울의 28번째 교량이다. 이 다리는 성산대교 인근 주변도로, 서울 북서부 지역의 교통난 해소를 위해 2000년 교량설계 현상 공모 시행을 하고, 실시 설계를 거쳐 2009년에 공사 발주를 하게 되었다. 그렇게 공사는 2010년 3월에 계약을 하고 착수가 되었는데, 착수한 지 10년이 지나도록 아직 개통하지 못한 상태이다.

참고로 당초 이 프로젝트의 준공은 2015년 8월 예정이었다. 현재는 2020년 8월로 두 배 연장된 상태이고, 이마저도 2020년 12월로 다시 연장된 상태다. 어째서 이 프로젝트는 이렇게 오랜 기간 공사를 해야 하는 것일까. 우리 건설 기술의 어떠한 한계로 어려움에 봉착한 것일까.

혹시 우리나라 기술력의 문제인가. 지난 2012년 여수에서는 한국에서 가장 긴 교량이자, 주탑 사이 경간 길이만 1,545m인 이순신대교가 건설됐다. 한국은 물론 세계적으로도 일곱 번째[26]로 긴 현수교인 이 이순신대교도 5년 만에 완공됐다. 이순신대교를 만든 장인들은 전 세계적으로 인정을 받아 지금 터키 차나칼레(Çanakkale)란 지역에 세계 최장 현수교를 건설하고 있다.

현재 세계에서 가장 긴 현수교는 주탑 간 거리가 1,991m인 일본의 아카시 대교다. 대림산업과 SK건설이 건설 중인 차나칼레 대교는 이 주탑 간 거리가 2,023m에 이른다. 공사 대금만 3조 원이 넘는 이 프로젝트는, 인류 역사상 처음으로 마의 2km 한계에 도전하는 셈이다. 기술력에서 한국 건설업체는 이미 세계적인 시공 능력을 인정받고 있는데, 경간장이 고작 225m에 불과한 이 월드컵대교 건설은 그럼 왜 이렇게 오랜 시간이 걸렸던 것일까.

문제는 계약이다.

티스푼 공사가 비일비재한 현실

건설공사에 있어 계약이라 함은 일반적으로 쌍방 간의 청약과 승낙에 의해 성립되는 것이 일반적이다. 다만 국가 기간시설을 만드는 공공 공사의 경우, 그 계약은 '국가를 당사자로 하는 계약에 관한 법률'과 같은 법률을 통해 장기계속공사•, 계속비 공사•• 등으로 계약의 카테고리가 정해지고 일반계약조건 등이 정해지게 되어 금액지급조건이나 계약조건 등을 쌍방 간에 조정하기 어려워진다.

이 때문에 계약 상대자의 책임 없는 사유로 총계약기간이 변경되어도 기간이 늘어나 발생한 간접비나 추가 금액을 청구하기 어려워지는데, 이 때문에 우리나라에 현재 계류 중인 소송가액만 총 1조 2천억 원이 넘는다.[27] 이러한 우리나라만의 고질적인 문제는 계속해서 대한건설협회를 비롯한 건설 관련 단체를 통해 문제가 제기되고 있지만, 아직까지 이를 둘러싼 불공정 갑질 문제는 해결되지 않고 있다.

이것은 비단 건설업계만의 문제는 아니다. 삽을 떠서 시작한 공사가 계속해서 지연되면 그 피해는 고스란히 시민들에게

• 총공사금액으로 발주하고 각 회계연도 예산 범위 내에서 계약을 체결하고 이행하는 형태. 따라서 예산은 매년마다 배당받은 만큼만 공사업체에 대하여 지급되므로 공사업체는 예산을 받은 만큼 진행하게 된다.

•• 몇 년에 걸쳐 완성되는 사업의 경비에 대해 그 총액과 연부액을 미리 정해 국회의 의결을 받음으로써, 매 회계연도마다 그 예산에 대해 국회의 의결을 받지 않고 지출할 수 있는 경비를 말한다.

전가될 수 있기 때문이다. 예정대로 완공됐다면 해당 교량을 이용할 수 있었을 기회비용이 박탈되고, 늦어진 공사 기간 도중의 물가 변동으로 인한 공사비 증가는 세수의 낭비로 이어질 수 있다. 이렇게 착수된 공사가 하염없이 늘어지는 현상을 두고 티스푼 공사라는 신조어까지 생겨나게 됐다.

티스푼 공사라는 뜻은 말 그대로 삽이나 포크레인이 아닌, 티스푼으로 땅을 파는 것처럼 공사기간이 늘어난다는 것이다. 우리나라에선 이런 티스푼 공사가 비일비재하다. 1998년부터 공사를 시작해서 2020년에 이르러 겨우 개통된 수도권 전철 수인선, 개통 일정이 계속해서 밀리고 있는 각종 철도사업 등이 그러하다. 전남 어느 한 저수지 공사의 경우 2006년에 시작한 공사가 10년 넘게 완공되지 못하여, 최초 입찰 당시 추정사업 금액 139억 원에서 두 배가 넘는 300억 원을 기록하게 되었다. 공사 관계자의 말에 따르면 매년 예산이 30억 원 정도만 나와서 그 예산에 맞추다 보니 공사가 늦어졌다고 한다.[28]

월드컵대교의 경우도 크게 다르지 않다. 우리나라 시설공사 공공 조달은 이행에 수년을 요하는 공사일 때 장기계속공사로 분류되어 낙찰될 당시 총공사금액을 부기하고, 매년 차수 공사로 진행한다. 현재 월드컵대교의 공사 금액은 2,792억 원이다. 그런데 2010년부터 2015년까지 매년 차수 계약한 금액의 합은 500억 원이 채 되지 않았다. 주무관청이 이렇게 매년 계약 금액을 턱없이 배정하니, 시공사 입장에서도 공사 진행을 할 수 없는 것이다.

예컨대 총공사금액이 1,000억 원이고 계약 기간이 4년이라 하면 1년에 적어도 250억 원 정도는 예산 배정이 되어야 하지만, 50억 원 정도로 연차 예산이 턱없이 적게 배정되어도 발주기관의 책임이 없는 게 현재의 장기계약공사 시스템이라는 말이다. 법원에서도 매년 쌍방 간에 다시 계약서를 작성한 '근거'가 있기 때문에 이를 정당하다고 보는 것이 현재까지의 판례이다.

하지만 을인 건설회사 관점에서, 그 많지 않은 연차 예산이라도 받으려면 울며 겨자 먹기로 차수 계약서에 서명해야 하는 것이 현실이다. 이때부터 클레임(배상 청구)을 제기해야 마땅하지만, 을이 갑에게 함부로 클레임 통지를 하지 못하는 것이 우리나라의 정서적 한계이다.

십여 년 전, 이런 공사 기간 연장 클레임 서류를 들고 갑인 주무관청에 갔다가 문전박대를 당하고 나왔던 추억(?)이 스쳐 지나간다. 물론 어떻게든 일을 진행해야 했던 나로서는 내용증명을 통해 해당 서류를 억지로 다시 보낼 수밖에 없었고, 며칠 후 그 서류를 받아본 주무관청으로부터 왜 보냈느냐고 항의 전화를 받던 기억도 생각난다.

당시로서는 나도 그런 항의 전화가 당연하다 생각했던 일이지만, 외국의 건설공사를 수행하다 보니 이는 상식적으로 말이 안 되는 것임을 깨닫게 되었다. 일반적인 외국의 건설공사에 있어 건설공사 계약 기간이 늦어지게 되는 사유가 발생하게 된다면 그 즉시 공지(notice)를 보내 쌍방 간에 인지하는 것이 일반적이기 때문이다. 그 사유가 누구의 책임인지는 나중에 따지더라도 말이다.

계약을 지킨다는 건 신뢰의 문제이기에

이렇게 공사를 총공사금액으로 계약하고 매년 계약금액을 지정하면 몇 가지 문제가 발생한다. 먼저 시공사는 전체 프로젝트 관점에서 공정 관리를 능동적으로 할 수 없게 되고, 이렇게 공정이 지연되면 그에 따른 간접 비용이 증가하여 추가 원가가 발생하게 된다. 더군다나 주무관청은 물가 상승에 따른 계약 금액 증가분을 보전해주어야 하는데 이는 세수의 낭비로 이어질 수 있다.

월드컵대교만 하더라도 이미 여덟 번의 물가 변동에 의한 계약금액 조정이 이루어졌다. 이것만 하더라도 수백억 원의 예산 낭비가 이루어진 것이다. 이런저런 문제점을 차치하고서라도, 당초 계약 당사자 간 약속한 공사 기간을 어느 한 당사자가 지키지 않는다는 것은 신뢰의 문제이다.

앞서 서술한 바와 같이 나는 외국의 건설 프로젝트를 주로 참여했고, 시공 중 이렇게 건설 프로젝트를 연간 단위로 쪼개어 계약하는 사례는 찾아보기 어려웠다. 유럽, 아시아, 아프리카, 남아메리카 등 적어도 전 세계 수십 건의 대형 인프라 프로젝트 입찰을 수행한 내 경험에는 존재하지 않았다. 만약 그러한 일이 발생한다면 이는 자연스럽게 공기 지연에 따른 클레임 사유가 될 것이다.

몇 년 전 서울에서 실시한 글로벌 인프라스트럭처(infrastructure) 관련 회의에 가서 개발도상국의 교통부 국장들 프리젠테이션을 들은 바 있다. 그때를 떠올려보면, 이란도, 베트남도, 방글라데시도, 카자흐스탄도 다들 차관을 가져다가 지하철 시스템을 더 구축하겠다고 당찬 포부를 밝혔다. 그보다 경제 발전 수준이 다소 뒤처지는 네팔이나 모로코, 미얀마, 캄보디아, 타지키스탄과 같은 나라는 지하철까지는 아니더라도 차관을 통해 도로나 항만 시스템을 개선해나가겠다는 의지를 피력했다.

나는 만약 우리나라의 역대 정부나 지자체에서 지하철 시스템 조성을 등한시했거나, 강변북로나 올림픽대로, 혹은 한강의 수많은 교량 건설을 등한시했다면, 아마도 서울은 현재 방글라데시의 다카나 인도의 뉴델리와 같이 극심한 교통 체증을 피할 수 없었을 것이라 생각한다. 우리나라의 국민들, 그리고 경제 및 건설 관료와 건설회사들은 어려운 환경 속에서도 이렇게 괜찮은 인프라 시스템을 잘 구축해왔다. 하지만 선진국 대열에 오른 이 시점에 계속해서 정상적이지 않은 계약으로 불도저같이 밀어붙일 수는 없다. 신뢰를 지키는 계약이야말로 선진 사회의 가장 핵심적인 인프라일 것이다.

공학이란 무엇이고,
무엇이어야 하는가

어려서부터 물리학을 좋아했던 나는 원래 물리학과에 진학하여 순수과학을 전공하고자 했다. 하지만 대학 입시는 나를 그렇게 장밋빛으로 반겨주지 않았고, 결국 점수에 맞추어 선택한 전공이 건설도시공학이라는 전공이었다. 처음에는 별로 반갑지 않았다. 무언가 순수함을 잃어버린 것 같은, '돈'과 '경제성'을 자꾸 강조하는 학문으로 보여서 애정이 가지 않았다.

하지만 학년이 거듭되며 공부를 하다 보니, 결국 세상은 그 독보적 기술도 중요하지만 사회에 실제로 쓰일 수 있는 수준의 경제성을 가지고 있느냐도 중요하다는 사실을 깨닫게 되었다. 아무리 뛰어난 재생에너지원이 있더라도, 우리의 전기 요금에 적합한 수준의 비용이 아니라면 중·장기적으로 사용될 수 없을 것이다.

다행히도 최근 십여 년간 태양광 및 풍력발전 비용은 급격히 줄어들고 있고, 덕분에 유럽을 중심으로 재생에너지 발전 비율도 급격히 상승하고 있다. 이처럼 어느 기술이 세상에 현실적으로 구현되는 과정에 참여하는 것은 무척 보람된 일이다. 그런 관점에서 나는 지금은 순수과학보다 공학을 더 사랑하고, 지금도 경제성 분석이 주 업무인 일을 수행하고 있다.

'원천 기술'에 대한 과한 집착에서 벗어나야

그런데 간혹 공학에서 원천 기술의 중요성을 과도하게 강조하시는 분들이 계신다. 국내 가동되는 가스터빈 중 우리 기술로 만든 제품은 하나도 없다느니, 국내 최장 다리도 외국 기술에 의존했다느니 하는 것이 그러한 주장이다.

그런가 하면 테슬라의 일론 머스크와 괴짜 재벌 브랜슨의 버진그룹은 하이퍼루프라 하는 튜브트레인을 개발하고 있는데, 최고 시속 1,000㎞에 이르는 이 교통수단을 통해 샌프란시스코에서 LA까지 43분 만에 이동할 수 있다고 한다.[29] 물론 이런 기술이 대단한 것은 사실이다. 하지만 이러한 혁신적인 기술의 개발이 우리 삶을 급격하게 변화시킬 수 있을까?

결론부터 말하자면 그렇지 않을 확률이 높다. 하이퍼루프가 운행되려면 그 튜브트레인이 지나는 터널을 만들어야 한다. 사람이 밀집한 대도시에서는 지하터널을 만들어야 하는데, 그러면 이는 현재 추진 중에 있는 수도권광역급행철도(GTX)와 비슷해진다.

이미 언론에서 보도된 바와 같이 GTX A와 B, C 노선 총 140.7㎞ 중 46.2㎞인 A 노선만이 우선협상대상자로 선정되었다. 나머지 B, C 노선은 당초 비용 대비 편익의 비율이 1을 넘지 않아 A 노선과 함께 추진되지 못했다. 2014년 KDI의 예비타당성 결과에 따르면 B 노선(0.33), C 노선(0.66)은 경제성이 상당히 낮게 나왔던 것이다.[30]

그나마 다양한 대안 도입 및 많은 사람들의 노력 끝에 C 노선은 기획재정부의 민자적격성 조사를 통과하였고, B 노선도 예비타당성 조사를 통과하여 기획재정부의 민자적격성 조사를 기다리고 있다. 하지만 아무리 빨라도 이들은 2022년 정도 되어야 착공할 것이고, 준공은 언제 될지 장담할 수 없는 상황이다. 얼마 전에는 수원청개구리 때문에 GTX-A 노선 공사가 중단될 수 있다는 기사가 나오기도 했다. 그만큼 인프라 사업은 기술력 이외에도 다양한 변수들이 존재하기 마련이다.

2014년 한국개발연구원(KDI)의 수도권 광역급행철도(GTX) 건설사업 예비타당성조사 보고서 자료에 따르면 GTX 총사업비는 사전조사 기준 13조 원가량으로 예상된다. 2020년 국토교통부 소관 사회간접자본(SOC) 예산은 18.8조 원으로, 이를 단기간에 예산으로 소화하기는 어려운 일이다. 그래서 현재 GTX는 민자사업으로 추진되고 있다. 현재 거론되는 A 구간 이용요금은 4,900원 수준인데 과연 광역버스와의 요금 경쟁에서 어떻게 이길 수 있을까 의문이다.

이렇게 경제성 관점에서 보자면 GTX도 첩첩산중인데 과연 하이퍼루프가 나온다고 무엇이 얼마나 달라지겠는가. 경제성 분석이라 함은 결국 투입비 대비 발생하는 매출액의 현재 가치를 계산하여 적정 내부수익률(IRR, Internal Rate of Return)이 나오느냐 아니냐의 함수다. 투입비가 높아지면 요금을 높여 매출을 늘려야 할 것인데, 하이퍼루프와 같이 공사 비용이 많이 드는 신기술의 경우는 그만큼 투입비가 높아지므로 긍정적인 경제성 분석이 나오긴 쉽지 않을 것이다. 그러면 정부 차원에서도 민간 차원에서도 추진하기 요원해진다.

공학도가 현실주의자가 되어야 할 이유

다시 원천 기술에 관한 논의로 돌아가보자. 앞서 언급한 가스터빈의 경우 현재 국내에서 가동되는 것은 2019년 기준 149개 정도에 불과하다고 한다.[31] 이 200개도 안 되는 화력발전소를 만들기 위해 굳이 원천 기술이라는 것에 집착할 필요가 있을까. 또 국내에서 한 해 만드는 사장교나 현수교의 숫자는 얼마나 될까. 나는 가뭄에 콩 나듯 발주되는 그런 대형 교량을 우리 기술로만 만들겠다고 집착할 필요는 없다고 생각한다.

해당 기술이 필요하면 그 기술을 가진 외국 업체에 맡기면 된다. 전 세계 독점 기술이라면 모르겠지만, 앞서 언급한 가스터빈을 만드는 회사는 세계적으로 지멘스(Siemens), GE(General Electric), 미쓰비시(Mitsubishi), 히타치(Hitachi) 등이 있고, 사장교

케이블도 프랑스 후레씨네(Freyssinet), 스위스 VSL 등 다양한 외국 업체들이 언제든지 입찰을 대기하고 있다. 필요하면 그들을 우리나라로 초청하면 될 일이다.

2017년 일본의 도시바는 미국 원전 자회사인 웨스팅하우스일렉트릭(이하 WH, Westinghouse Electric Corporation)의 파산을 신청했으나, 오히려 시장에서는 좋게 평가하여 주가가 단기간 급등했다.[32] 당시 도시바가 WH 때문에 손실 처리한 적자만 약 10조 원에 달한다고 한다.[33] 파산하지 않고 계속 적자를 발생시키는 것보다는 차라리 해체해버리는 편이 모회사인 도시바 재무 상태에는 더 좋다는 게 시장의 평가였다.

도시바 입장에서는 원전 원천 기술을 잃었지만, 오히려 미래 손실 요인을 털어낸 것이라는 뜻이다. 도시바의 매출액은 연간 30조 원이 넘어가는데 우리나라에도 이를 뛰어넘는 규모의 기업들이 다수 존재한다. 한국은 세계 6대 수출대국이다. 수출을 그렇게 많이 하면 일부 기술은 수입해도 별문제가 없을 것이다.

공학이란 무엇인가. 절대로 부서지지 않는 휴대전화를 만들기 위해선 앞면을 다이아몬드로 채워 넣으면 될 것이다. 하지만 그런 휴대전화를 만들면 아무도 그 휴대전화를 구입할 수 없다. 사람들이 널리 활용할 수 있는 현실적인 가격의 기술을 만들어내는 것. 그것이 공학이 해야 할 일이다. 영업이익을 창출하지 못하는 원천 기술은 지속가능하지 않고 그저 이념형에 가까운 연구실 안의 기술일 뿐이다.

과학을 좋아하는 꿈나무라면 물론 계산기 두드릴 필요 없이 인터스텔라를 통해 행성 간 이동을 할 수 있는 기술 연구도 하고 싶을 것이며, 불로장생의 혁신적인 바이오 알약을 만들 구상을 하고 있을지도 모른다. 하지만 적어도 공학을 전공하거나 업으로 삼는 분들이라면 현실주의자가 될 필요가 있다. 아무리 좋은 기술이라 할지라도 영업이익을 5년에서 10년 내에 실현시킬 수 없다면 그것을 훌륭한 원천 기술이라 표현하기는 어렵다.

물론 국가적 차원에서 그러한 기술이 꼭 필요하다고 판단되면 국책과제를 통해 진행할 수는 있다. 다만 이것을 사기업에게까지 전가시키고, 일부 원천 기술이 우리나라에 없다고 한탄할 필요는 없다는 말이다. 경제성을 제외한 공학은 그저 자기만족 그 이상 그 이하도 아니라고 생각한다. 공학도라면 적어도 몽상가보다는 현실주의자가 되어야 할 것이다.

흰 고양이든 검은 고양이든 쥐만 잘 잡을 수 있다면

나는 그렇게 대학을 졸업한 후 지난 14년의 시간 동안 엔지니어링 그 자체보다는 어떻게 하면 원하는 품질의 구조물을 더 경제적으로 만들 수 있을까에 대한 고민을 해왔다. 공학용 계산기보다는 쌀집 계산기와 더 친하게 되었고, 상미분방정식보다 단위공사비를 뽑아내는 데 더 많은 시간을 들였다. 처음엔

4년 동안 대학에서 배운 고차원의 공학 지식이 다 무슨 소용이냐 하는 자괴감이 들기도 했지만, 이내 이 사회에 조금 더 효용을 가져다주는 것은 어쩌면 그 어려운 공학 지식보다 상용화될 수 있는 기술일 수 있다는 생각에 보람을 느꼈다.

물론 정답은 없다. 이 사회는 다양한 사람들이 같이 일구어나가는 곳이기 때문이다. 사회에는 오늘도 원천 기술 확보를 위해 불철주야 열심히 일하는 분도 계셔야 하고, 나와 같이 조금 더 현실에 적용 가능한 기술을 찾는 사람도 필요한 것이다. 나는 이 장에서 정답을 이야기하려고 하기보다는, 원천 기술을 확보하는 것만이 우리의 미래를 밝혀주는 것은 아니란 말을 해보고 싶었다.

지금껏 1부에서 나는 공학이 우리 사회에 미친 영향에 대해 설명했다. 물을 잠시 가두어 지속가능한 에너지를 만드는 수력발전, 응급상황에 전국의 소방차를 한데 모을 수 있는 도로 인프라, 운송에 따른 이산화탄소 배출을 최소화하는 알프스의 터널과 같은 것들은 과학혁명이 일어나지 않았다면 우리 사회에 존재하기 어려웠던 것들이다.

철근콘크리트 기술이 없었다면 우리는 현재와 같은 도시에 살 수 없었을 것이고, 싱가포르와 같이 수자원을 활용하지 않았다면 끊임없는 외교적 갈등 리스크에 국운을 맡겨야 했을 수 있다. 한강의 그 수많은 교량들이 없었다고 생각해보자. 여전히 서울은 사대문 안에 양반들만 거주할 수 있는 장소로 남았을 것이다.

공학에는 다양한 종류가 있다. 전자공학, 기계공학, 건축공학, 화학공학, 토목공학, 항공우주공학, 환경공학과 같이 일반적인 것부터 섬유공학, 안전공학, 음향공학, 자원공학, 제어계측공학 등과 같이 더 전문적인 분야로 파생되는 것들도 존재한다. 이들은 모두 기초과학 이론을 바탕으로 어떤 문제에 대한 기술적 해결책을 제시하는 학문이라는 공통점이 있다. 모든 분야의 공학은 궁극적으로 인류의 삶을 향상시키고 우리 사회가 당면한 문제를 해결해나간다는 목표를 지닌다. 이러한 영역에서 굳이 국적이나 원천 기술과 같은 것에 집착할 필요가 있을까. 흰 고양이든 검은 고양이든 쥐만 잘 잡으면 될 일이다.

인공적인 것은 아름답다

2부

크루거 국립공원 이야기

남아프리카 공화국(이하 남아공)에는 크루거 국립공원(Kruger national park)이라는 동물원이 있다. 요하네스버그에서 북동쪽으로 약 420km 떨어져 있는 이 동물원은 무려 우리나라 경상북도보다 조금 더 큰 면적(19,485km²)을 자랑한다. 남아공 3대 대통령이었던 폴 크루거(Paul Kruger, 1825~1904)가 일대를 야생동물 보호구역으로 선포하면서 형성된 국립공원이다.

이 국립공원이 특별한 이유는 보통의 동물원과 다르게 인간의 보호나 간섭 없이, 야생동물들이 스스로 생태계를 이루어 가는 모습을 볼 수 있기 때문이다. 국립공원 내에서는 자신의 차로 셀프 드라이브도 가능하고 지프를 타고 사파리 투어도 할 수 있다. 다만 정말 사자나 표범과 같은 맹수들이 있기 때문에 차 밖으로는 절대로 나오면 안 된다.

내가 하던 해외 인프라 공사 입찰은 구조물과 장소를 가리지 않는다. 덴마크에 해저터널을 짓든, 카타르에 교량을 짓든,

혹은 베트남에 도로를 짓든, 인도에 스마트시티를 짓든, 우리가 할 수 있는 일이 있다면 어디든 가리지 않고 달려간다. 남아공도 예외가 아니었는데, 한번은 반 년가량 남아공에서 지내며 사장교 입찰을 준비한 적이 있었다. 처음 접한 남아공의 사회 분위기는 무척이나 이질적이었다. 빈부 격차가 너무 커서 치안은 극도로 불안했고, 이 때문에 거리를 걷는 것조차 위험한 분위기가 깔려 있었다. 나는 여기에 살며 수개월간 회사와 숙소만 오고 갔는데, 그 생활이 너무 답답해서 견디기가 상당히 어려웠던 기억이 난다.

그러던 중 같이 있던 선배가 연휴를 맞아 기분 전환을 하자고 해서 간 곳이 크루거 국립공원이다. 처음 크루거 국립공원에 입장할 때가 떠오른다. 아침 일찍 가서 인도양의 태양을 등지고 게이트를 향했다. 멀리서 봐도 그 조화로운 국립공원의 자태는 평화로워 보였다. 인공이 아닌 자연 그대로의 모습을 볼 수 있다고 생각하니 가슴도 두근거렸다.

야생의 육식동물 가족을 바라보며

공원의 웅장한 게이트를 지나 우리는 넓은 초원으로 들어섰다. 과연 크루거 국립공원에서 가장 개체수가 많은 임팔라 떼들이 옹기종기 뛰어다니는 모습은 무척이나 사랑스러웠다. 조금 더 들어가니 덩치가 산만 한 코끼리 떼들이 우걱우걱 땅의

식물들을 먹으며 지나가는 모습도 보이고, 물가를 건너는 얼룩말 떼도 눈에 띄었다. 하지만 그런 평화로운 초식동물들의 모습은 표범 한 마리의 등장으로 갑자기 아수라장이 되어버렸다.

평화롭게만 보였던 녹색 초원이 순식간에 그로테스크하고 서슬 퍼런 광경으로 바뀌었다. 표범이 나타나자 임팔라 떼도 얼룩말 떼도 육지와 물가를 가리지 않고 각자 도망가기 시작했다. 그 와중에 신기하게 느껴지던 것이 있었다. 이들은 비록 혼비백산의 상태였지만 그룹 단위로 도망을 다닌다는 사실이 그것이었다. 예상치 못했던 상황임에도 모두 같이 하나가 되어 위기를 타개해보고자 하는 의연한 마음이 조금은 느껴졌다.

하지만 뭉치면 살고 흩어지면 죽는다의 명제는 여기서 꼭 성립되진 않았다. 수십 마리의 임팔라 떼가 표범에게 잡아먹히지 않으려고 죽을힘을 다해 뛰었지만, 결국 맨 뒤에 속도가 가장 느린 임팔라 한 마리는 표범에게 잡혀 생을 마감하게 되었기 때문이다. 고양잇과의 포유류인 표범은 단독생활을 하는데, 사냥한 임팔라를 좀 뜯어 먹는가 싶더니 큰 나뭇가지 위에 올려놓고 숲속에 숨어 쉬는 것을 볼 수 있었다.

임팔라와 표범의 한바탕 소동을 보고 조금 더 들어가니 차들이 모여 있는 것을 볼 수 있었다. 이때, 남아공에 오래 근무한 선배가 동물적인 감각으로 말을 해줬다. 드디어 왔다. 동물의 왕 사자가 말이다. 사람들이 모여 있는 차 무리에 주차를 하고 먼 언덕을 바라보니 정말 한 무리의 집단이 눈에 띄었다. 단독생활을 하는 표범과 달리 무리생활을 하는 사자 가족이었다.

크루거 국립공원의 사자

이들은 이미 사냥에 성공했는지 얼룩말처럼 보이는 고기를 뜯어 먹고 있었다.

한데 그 장면에도 매우 특이했던 점이 있었다. 무리생활을 하는 이들은 다 같이 고기를 먹는 게 아니라 한 마리만 고기를 먹고 있었다는 점이었다. 크루거 국립공원에서 나온 책자를 살펴보니 이는 사자의 특성으로, 엄마 사자가 사냥에 성공하면 무리 내 서열에 따라 아빠, 삼촌부터 차례로 사냥의 제물을 먹는다고 한다. 사자 무리 내 먹이사슬의 끝은 아기 사자(cub)인데, 결국 작은 사냥감을 포획한 때에는 아기 사자가 먹을 것이 없어 굶게 된다고 적혀 있었다.

《동물학 저널(Journal of Zoology)》에 실린 브라이언 버트램(Brian C. R. Bertram)의 야생 사자의 번식에 대한 논문에 따르면 이 현상은 더 확실하게 이해가 된다.[1] 버트램은 세렝게티 국립공원에서 1966년부터 1972년까지 사자 무리를 관찰해왔는데, 1970년까지 87마리의 새끼 사자들이 태어났지만 겨우 12마리만이 두 살의 어른이 되었다고 한다. 이들 아기 사자들은 먹이가 없던 시절 굶어 죽기도 하고, 무리(pride)의 대장이 바뀔 때 새로운 수컷 대장에 의해 죽는 경우도 다반사였다.

자연이 선하고 아름답다는 어떤 편견

이러한 과정을 알아가며 내겐 도저히 이해할 수 없는 부분이 한 가지 생겼다. 아무리 금수(禽獸)라 하더라도, 도대체 어떻게 부모가 자기 자식이 굶어 죽는 모습을 그대로 방치할 수 있느냐에 대한 것이었다. 먹이가 아예 없는 것도 아니고, 인간과 같이 아이부터 먹인 후에 이모와 삼촌, 그리고 아빠까지 먹을 수도 있었을 텐데, 야생의 육식동물 가족은 그렇지 못했다.

그런데 다시 곰곰이 생각해보니, 그것은 이들이 지구에 살아남기 위해서 수십만 년에 걸쳐 터득해온 생존 방식이 아닐까 싶었다. 자식이야 죽어도 다시 번식하면 되지만, 무리의 우두머리인 성년 수사자와 생산 능력을 지닌 암사자들은 무리의 생존에 가장 중요한 요인이었을 것이다. 이쯤 되니 어쩌면 모성애나 부성애는 동물 자체에 내재된 DNA라기보다는, 학습을 통해 만들어진 현대사회의 문화적 산물일 수도 있겠다는 생각도 들었다.

크루거 국립공원에서 야생 그대로의 동물들의 모습을 보고 든 생각은, 자연 그대로라는 야생(野生)은 문명인인 현대 인류가 살아가기에는 부적합할 수 있겠다는 것이었다. 우리가 크루거와 같이 정말 있는 그대로의 먹이사슬에 노출되어 있다면 초식동물도 육식동물도, 먹이사슬의 정점도 말단도 모두 매 순간 긴장된 채 매일매일을 삶과의 전투 속에서 살아갈 수밖에 없게 된다.

인류도 그리 멀지 않은 과거에는 이러한 삶을 살았다. 앞서도 말했듯 다섯 번째 생일 전에 죽는 아동의 비율은 1800년도에 무려 44%에 이르렀고, 2016년에 와서 4%로 급격히 감소했다. 이것도 저개발국가를 포함한 평균의 개념에서 4%이지, 우리나라와 같은 선진국의 영아사망률은 2018년 기준 0.28%에 불과하다.[2] 주지하다시피 아기가 태어난 지 1년을 기념하는 돌잔치의 경우도 과거 의학이 발달하지 않아 영아사망률이 높았던 조선시대부터 유래한 것이다.[3]

사람들은 자연이라는 단어는 선하고 인공이라는 단어는 악하다는 편견을 가지고 있다. 하지만 조금 더 자세히 들여다보면, 우리가 생각하는 그 진짜 자연인 야생(wildness)이 얼마나 혹독하고, 인공을 통해 인류는 얼마나 안전하고 윤택한 삶을 살 수 있었는지에 대해 인식할 수 있을 것이다. 그럼 우리 사회를 지탱하는 인프라의 관점에서 '인공이란 무엇인가'에 대해 조금 더 구체적으로 알아보자.

백운호수를 거닐며

나는 작년에 평촌신도시로 이사를 왔다. 굳이 많고 많은 수도권 지역 중에서도 삼십 년이나 된 신(?)도시로 오게 된 까닭은 초등학생 아이 둘의 교육 때문이었다. 맞벌이 부부인 우리 가정에서 아이들이 스스로 걸어서 학교와 학원을 다닐 수 있는 여건이 되는 장소를 물색하다 보니 평촌신도시라는 동네가 그 답이 되었다. 그러다 보니 처음에는 이 동네에 대한 정이 별로 가지 않았다. 나보다는 자녀, 통근보다는 교육이 우선한 목적이었기 때문이다.

하지만 조금 살아보니 이곳의 특성에 눈길이 머물렀다. 먼저 평촌이 포함된 안양이라는 지역은 관악산과 수리산, 그리고 모락산으로 둘러싸인 평지 형태인 것을 알 수 있었다. 게다가 안양천이 그 사이를 흐르는데, 평소 동네 산책을 좋아하는 나에게는 더없는 선물이었다. 그렇게 주말마다 관악산이나 모락산을 걷고, 안양천을 따라서 주변 도시들을 걷다가 발견하게 된

곳이 백운호수였다.

경기도 의왕에 위치한 백운호수는 서울 근교 당일치기 여행지로 유명하다. 이 동네로 이사 오기 전 아내와 종종 데이트를 하기 위해 들른 기억도 난다. 호수 인근에는 맛집도 많고, 호수 주변으로 둘레길이 있어 자연의 정취를 느끼며 걷기에도 좋다. 이 백운호수는 우리 집에서 걸어서 한 시간가량 가면 나오고, 호수 위에 있는 나무 데크를 걷다 보면 사계절 자연을 느낄 수 있다.

그런데 산책을 하다 문득 '이 호수는 정말 자연 그대로의 산물일까' 하는 생각이 들었다. 확인해보니, 역시 자연 그대로의 호수는 아니었다. 얼핏 자연호수로 보이는 이 백운호수는 농업진흥공사(현 한국농어촌공사)에서 만들기 시작해서 1953년에 준공된 인공호수였다.

백운호수가 우리 곁에 존재하는 이유

백운호수의 태생을 이해하기 위해서는 1950년대 수도권의 시대 상황을 들여다봐야 한다. 정부 수립 이후 별다른 산업이 존재하지 않은 남한에서는 당시 가장 큰 민생 문제 해결방법을 농업증산으로 보고 농업증산 3개년 계획(1949~1951년)을 실시했다. 이 농업증산 3개년 계획은 한국전쟁으로 인해 차질을 빚었지만, 1953년에 다시 농업증산 5개년 계획으로 부활해 1958

년 2차, 1962년 3차까지 이어지게 된다. 덕분에 1948년 1,291만 석에 불과하던 쌀 생산량은 1955년에 2,054만 석으로 증가할 수 있었다.[4]

이때 실시했던 미곡증산계획의 주요 시책은 간척과 관개 개선으로 인한 농업 면적의 확장이 주를 이루었고, 토지개량, 비료증시, 종자개량 등을 통한 단위면적당 수량도 동시에 증대되었다. 여기서 관개(灌漑)란 농사를 짓는 데 필요한 물을 논밭에 대는 것을 말하는데, 우리나라와 같이 하상계수가 큰 지형에서는 이를 위해 저수지의 축조가 불가피했다. 하상계수란 1년 중 최대유량과 최소유량의 비(比)를 뜻한다. 이 수치가 클수록 유량의 변화가 크고 치수가 어려운 강임을 의미한다. 우리나라는 지형상 산지가 많고 여름철 호우가 집중되어 하상계수가 높은 편이다. 주요 강의 하상계수를 비교하면 템스강 8, 라인강 14, 센강 34, 양쯔강 22, 미시시피강 119, 낙동강 372, 한강 393, 섬진강 715 등을 기록할 정도이다.[5]

농업에 있어 관개의 중요성은 아무리 강조해도 부족하지 않다. 혹자는 농사를 끝없는 물과의 싸움이라고 한다. 수십 년 전만 하더라도 우리나라의 봄은 다들 모내기로 정신이 없었는데, 모내기는 벼를 다른 장소에서 어느 정도 키운 후 논에 옮겨 심는 이앙법(移秧法)을 말한다. 이앙법을 실시하는 이유는 2모작 때문이었다. 보리를 수확하고 같은 장소에 물을 모아 이앙•하고, 거기에 벼를 심어 단위면적 생산량을 높였던 것이다. 사실 이 모내기가 한반도에 정착하게 된 시기도 그리 길지 않다. 이

앙하는 시기에 맞추어 물에 논을 대주어야 하는데 이를 뒷받침할 수리 시설이 형성되지 않으면 불가능했기 때문이다.[6]

우리나라와 같이 하상계수가 큰 국가에서 모내기를 해야 하는 시기에 가뭄이 온다면 그해 벼농사는 완전히 망쳐버릴 수 있기 때문에 조선 초기에는 국가에서 모내기를 허락하지 않았다. 하지만 기존 직파법에 비해 획기적인 생산량 증가를 일으킬 수 있는 이 이앙법은 일부 부농층을 중심으로 확산되었으며, 17세기 후반에는 삼남(三南)•• 지방을 중심으로 소농들에게까지 빠르게 퍼져나갔다.[7] 같은 면적에 보리와 쌀을 모두 수확할 수 있는 것과 그렇지 않은 것의 인센티브 차이는 판이하게 다르기 때문이다.

이름부터 평평한 1기 신도시 평촌(坪村)은 아파트로 개발되기 전 별다를 것 없던 논밭이었다. 과거 이러한 논밭에 물을 댈 수 있었던 것은 백운호수라는 인공의 저수지가 있었기에 가능했던 일이다. 백운호수뿐만 아니라 과천의 청계저수지, 수원의 광교저수지, 시흥의 물왕저수지 등 논농사를 위한 저수지는 전국에 1만 7천 개가 넘게 있으며, 이는 삼국시대 이전까지 역사를 거슬러 올라가는 경우가 많다. 우리 역사와 함께했던 대표적인 저수지는 전북 김제의 벽골제, 경남 밀양의 수산제, 충북

• '옮길 이(移)'와 '모 앙(秧)'이 합쳐진 글자로, 모를 못자리에서 논으로 옮겨 심는 일.

•• 충청도, 전라도, 경상도 세 지방을 통틀어 이르는 말.

제천의 의림지 등이 있으며, 의림지의 경우는 무려 2천 년 넘게 그 기능을 수행하고 있다.

인공적인 것들이 줄 수 있는 아름다움

우리나라와 같이 산지가 국토의 70%가량을 차지하는 지형의 경우 자연호수가 발달하기 어렵다. 이 때문에 우리나라의 호수는 화산활동으로 생성된 한라산 백록담이나 소규모 만이 가로막혀 형성된 동해안의 영랑호와 같은 석호를 제외하고서는 대부분 인공호수이다. 소양호, 대청호, 팔당호, 장성호, 시화호 등등 이름만 들어도 인공호수인 것들을 비롯해, 청평호와 춘천호, 합천호와 나주호, 그리고 백운호수와 같은 것들도 모두 인공호수인 것이다.

물론 호수에 있어 이렇게 인공과 자연을 가르는 것은 별 의미가 없다고 생각한다. 어린 시절 청평호에서 부모님과 함께 타던 오리배의 추억, 아내와 연애하던 시절 데이트 코스로 즐겼던 소양호 청평사의 고즈넉한 추억, 그리고 현재 종종 산책을 즐기는 백운호수의 추억…. 이런 것이 인공호수라고 해서 색이 바래지는 건 전혀 아니기 때문이다. 그렇지만, 우리의 추억이 깃든 넓고 잔잔한 호수가 '자연 그대로가 아니라는 것'이 조금은 덜 낭만적으로 느껴지는 심정도 충분히 이해된다.

다만, 인공적인 호수엔 있는 그대로의 자연이 줄 수 없는

백운호수의 전경

또다른 미덕이 담겨 있다는 걸 한 번쯤은 되새기면 어떨까. 이러한 인공호수들이 없었다면 한반도에 인류가 농업을 통해 정주 문명을 시작할 수 없었을 것이며, 해방 이후에도 보릿고개의 늪에서 헤어나오지 못했을 것이다. 국가기록원 자료에 따르면, 1950년대는 물론 1960년대에도 식량 사정은 크게 개선되지 않고 보릿고개가 매년 반복되어 식량 확보가 가장 시급한 현안이었다. 해방 이후 농지개혁을 통해 전 농가의 90% 이상이 자작농으로 전환되었지만, 생산성이 높지 않아 봄철이면 끼니를 때우는 것이 각 가정의 가장 큰 걱정이었다는 것이다.

물론 현재와 같이 국제교역을 통해 농산물을 조달하는 시대에 더 이상 백운호수와 같은 시설이 농업용으로 사용되지는 않지만, 수도권의 많은 시민들에게 삶의 여유를 선사하는 훌륭한 자연쉼터로서 그 역할을 수행하고 있다. 이러한 '인공의 자연'은 우리들 사이에서 그 가치를 충분히 인정받고 있는 걸까. 어쩌면 우리는 사람의 손때가 묻지 않은 야생의 자연보다, 알게 모르게 사람들의 공력과 기술이 배어든 이런 인공의 자연을 더 사랑하고 있지는 않을까.

내가 언제까지 이 평촌에 머무를지는 모를 일이겠지만, 아마도 이곳에 사는 동안 백운호수는 마음의 안식처 역할을 해줄 것이다. 백운호수는 나무 데크로 이어진 생태탐방로가 있어서 한두 시간가량 호수 둘레를 따라 걷기 참 좋다. 잔잔한 호숫가 주변을 걷다 보면 나의 마음도 편안해져서 생각이 부산스러울 때 찾으면 정리하는 데 도움이 된다. 처음 만들어졌을 때는 벼

농사를 위해 조성되었지만, 지금은 시민들의 안식처가 된 백운 호수. 어쩌면 우리네 주변의 자연은 대부분 그렇게 시간이 흐르며 우리 삶에 녹아든 것이 아닐까 싶다.

그리고 벚꽃 시즌이 되면 수많은 사람들이 찾는 여의도 윤중로, 잠실의 석촌호수, 일산의 호수공원, 춘천의 소양호까지…. 이러한 인공의 자연을 우리는 굳이 부정할 필요가 있을까 싶다. 지속가능만 하다면 인공 구조물도 다 가치가 있는 것이고, 우리가 숨을 쉬는 것과 같이 그 아름다움을 누리면 그만일 것이다.

강화도는 어떻게 지금의 강화도가 되었나

인류 역사를 들여다보면 간척(reclaimation)에 대한 이야기가 많이 등장한다. 우리가 대표적으로 알고 있는 간척지는 네덜란드라 할 수 있다. 네덜란드는 국토의 약 26%가 간척지이며, 이 작업은 14세기부터 시작된다. 이 나라는 오랜 기간 한 나라의 형태를 갖추지 못한 약소국의 신세를 면치 못했다. 하지만 수백년에 걸친 꾸준한 간척사업을 통해 작은 국토를 효율적으로 사용하기 시작한 동시에 무역을 발달시켜 동인도회사와 서인도회사를 설립하고 황금시대를 열어나갔다.

세계적으로 영국의 동인도회사가 가장 유명해서 비교적 덜 알려져 있긴 하지만, 네덜란드 동인도회사(VOC, Vereenigde Oostindische Compagnie)는 인류 최초의 주식회사이기도 하다. 네덜란드 동인도회사는 다른 나라와 같이 왕실이나 특정 귀족계층의 지원이 아니라, 일반인들로부터 투자 자본을 모으고 그 무역으로부터 발생한 이익을 투자 자본 비율에 따라 배당하는 형

뉴어크 지역 간척 공사

식으로 분배하며 운영했다.

얼핏 생각하기에 준설선(dredging barge)•이나 덤프트럭도 없던 시절에 어떻게 간척을 했는지 궁금할 것이다. 하지만 당시 간척 현장을 그린 그림을 보면 쉽게 이해할 수 있다. 그때만 해도 그저 인력을 활용하여 수레에 흙을 실어 나르는 형태로 간척을 한 것이다. 이 때문에 당시의 건설공사는 2~3년 수준이 아니라 20~30년 혹은 100년이 넘게 걸리는 사업이었다.

1867년 당시 뉴욕 맨해튼 허드슨강 건너에 위치한 뉴어크(Newark) 지역의 간척을 묘사한 그림을 보면, 사람들이 수레를 가지고 흙을 나른 후 증기기관이나 석탄발전을 통해 매립지 내부 토사나 물을 밖으로 배출하는 장면을 볼 수 있다. 14세기 네덜란드의 경우는 풍차의 내부 물을 바다로 배출했는데, 이런 간척의 역사는 우리나라 고려와 조선의 역사에서도 찾아볼 수 있다.

800년 동안 계속된 강화도의 수평적 확장

13세기 몽골의 침입과 함께 역사 속에서 자주 등장하는 강화도는 1232년 강화 천도로 인해 고려의 도읍지로 변모하게 된다. 변방의 섬에서 갑자기 임금이 거주하는 도읍지로 변하게 되

• 강이나 항만 등의 하상의 퇴적물을 파내기 위해 사용되는 선박.

었으니 이 섬에는 그때부터 꽤 많은 변화가 일어났다. 그중 하나가 외성 축조를 위한 간척지 개발이었다.

조선시대에 이르러 강화도의 간척사업은 더욱 활발해졌다. 1706년(숙종 32)에는 인천 일대 군병 11만 명이 참여하는 대규모 토목사업, 즉 선두포 축언이 이루어져 현재의 선두평••이 탄생하게 된다. 이는 쌀 1,000섬(약 144톤)을 생산할 수 있는 막대한 농토로서, 현재도 황금물결이 넘실거리며 쌀을 생산해내고 있다. 14세기부터 시작한 네덜란드의 간척 기술이 부럽지 않은 수준이다.

이처럼 약 800년간 이루어진 강화도 간척의 역사 덕분에 현재 강화도 총면적 중 3분의 1가량은 인공으로 조성된 땅이라고 한다. 현재 지도를 통해 강화도 지형을 보면 교동도와 석모도 그리고 강화도, 이 세 개의 섬이 둥근 돌과 같이 매끈한 모양으로 위치한 것으로 보이나, 13세기 지도를 보면 여느 서남해 섬과 같이 복잡한 해안선으로 구성된 리아스식해안이었음을 잘 알 수 있다.

교동도나 석모도 역시 애초에는 하나의 섬이 아니라 여러 개의 작은 섬으로 이루어져 있었다. 하지만 간척 덕택에 강화도는 둥그스름한 해안선을 갖게 되었고, 덕분에 강화군의 경지면적은 총 411.2km^2 중 무려 164.3km^2에 이를 수 있었다. 이는

•• 강화군 길상면과 화도면 사기리 일원의 간척지. 이곳과 인근 가릉평의 간척으로 마니산이 있는 고가도와 강화도가 연결됐다.

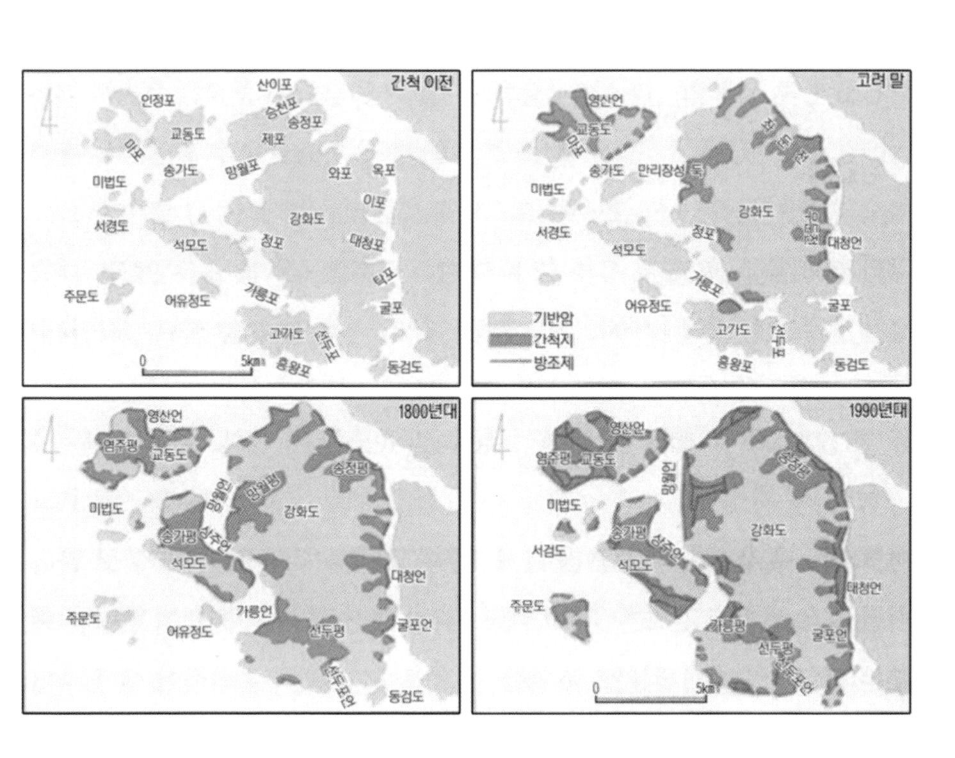
간척 이전
산이포
인정포
송천포
송정포
교동도
제포
미포
송가도
망월포
와포
옥포
미법도
이포
강화도
서경도
석모도
정포
대청포
탁포
주문도
어유정도
가릉포
굴포
고가도
선두포
흥왕포
동검도
0
5km
고려 말
영산언
교동도
미포
송가도
만리장성 둑
미법도
강화도
서경도
정포
대청언
석모도
가릉포
굴포
어유정도
기반암
간척지
방조제
고가도
흥왕포
동검도
1800년대
영산언
염주평
교동도
송정평
미법도
망월평
강화도
송가평
석주언
석모도
대청언
가릉언
굴포언
주문도
어유정도
선두평
선두포언
동검도
1990년대
영산언
염주평
교동도
송정평
미법도
강화도
서검도
송가평
석주언
석모도
대청언
주문도
가릉평
굴포언
선두평
선두포언
0
5km

강화도 간척지 변화 지도

전체 면적의 40%에 이르는 엄청난 수준이다.[8]

이렇듯 인류는 물론 우리 선조들 역시 간척과 저수지 축조 등을 통해 인류 문명이 살기에 적합한 곳으로 변경하는 작업을 수백 년에 걸쳐 진행해왔다. 역사학자 페르낭 브로델(Fernand Braudel)은 그의 저서 『지중해: 펠리페 2세 시대의 지중해 세계1』에서 지리적 여건이라 함은 수평적 개념에 수직적 개념이 추가되어야 한다고 했다. 그러니까 수평적 개념만 가지고 지도를 보면 강원도나 경기도나 별반 다를 바 없는데, 수직적 개념을 가지고 보면 두 지역의 접근성이 확연히 차이난다는 것을 알 수 있는 것이다.

인간의 땀과 노력의 결실, 간척지의 역사

나는 몇 년 전 아내와 그리스-터키 여행을 다녀온 적이 있었다. 어린 시절 그리스 로마 신화 혹은 성경을 통해 접하던 지역을 직접 눈으로 볼 수 있어서 흥미진진했다. 특히나 올림포스산을 처음 봤을 때의 그 경이로움을 잊을 수 없다. 아마도 수천 년 전 사람들은 그 경이로움을 바탕으로 신화를 만들어낸 건 아니었을까.

그런데 그리스 여행을 하다 보면 아테네를 제외한 상당수의 오래된 도시들이 산골짜기에 형성된 것을 확인할 수 있다. 현대 기준으로 보자면 사람들이 살기 좋아 보이는 평원에는 올리브나무만 잔뜩 있고 사람들은 그리 많이 거주하지 않고 있었다. 이때 문득 브로델의 저서에서 읽은 구절이 떠올랐다. 16세기 지중해는 홍수와 말라리아 때문에 평원에서 쉬이 살기 어려웠다는 부분이 그것이었다.[9]

평원이라고 다 같은 평원은 아니다. 메소포타미아 문명과 같이 끝이 보이지 않는 드넓은 평원에서는 오래전부터 사람이 살 수 있었을 것이다. 하지만 등 뒤에 해발고도 2,000미터가 넘는 산이 있는 그리스 델피와 같은 지역은 치수 기술이 등장하기 전까지는 주기적인 자연재해의 대상지였을 것이다. 홍수가 오면 모든 것들이 쓸려 내려가고, 남은 홍수의 흔적은 늪으로 변해 사람이 아닌 모기의 터전이 되어 인간이 살기 어려웠을 곳이라는 말이다.

우리가 터를 잡은 공간들에는 그처럼 앞선 사람들의 생존과 적응의 흔적이 묻어 있다. 강화도도 마찬가지다. 강화도는 학교 다닐 때 역사나 사회 책에 꽤나 많이 등장하는 곳이라 우리에게 많이 친숙하다. 마니산의 참성단, 대몽항쟁의 삼별초, 강화도령 철종, 강화도조약 등 우리에게 크고 많은 역사적 흔적을 많이 남긴 곳이 강화도다. 하지만 이렇게 많은 역사적 사실은 대부분이 알고 있어도 아마 강화도 간척의 역사는 인식하지 못했던 분들이 더 많았을 것이다.

가끔 가을에 강화도를 찾으면 넓은 황금물결을 볼 수 있는데, 간척의 역사가 없었다면 아마도 이런 풍경은 연출되기 어려웠을 것이다. 이렇듯 우리의 자연은 가만히 둔다고 농경지가 되지 않을뿐더러, 가만히 둔다고 사람이 살 수 있는 환경이 되지는 않는다. 인류는 가뭄에서 해방되기 위해 둑을 쌓아 저수지도 만들어야 했고, 홍수로부터 피해를 줄이기 위해 제방을 높여 강이나 바다의 범람을 막아야 했다.

이런 개간(cultivation)의 역사는 비단 어제 오늘의 일이 아니고, 조선, 고려는 물론 그리스 문명과 같이 인류 문명 태동기와 그 궤를 같이한다. 이러한 간척지는 인간의 땀과 노력의 결실이며, 현재는 언제 간척이 되었느냐는 듯이 있는 그대로의 자연과 구분하기 어렵게 조화롭게 존재한다. 나는 인류 문명과 자연의 조화를 위해 우리가 지나온 그 오랜 길을 생각한다. 그렇다면 다음 장에선 조선시대 한 군주의 원대한 구상을 실현시키기 위해 계획적으로 만들어진 도시의 탄생 과정을 살펴보자.

조선의 신도시,
수원 화성

목포에서 신의주까지 이어지는 국도 제1호선의 역사는 조선시대까지 거슬러 올라간다. 물론 조선은 상대적으로 로마나 에도 막부와 같이 도로를 조성하는 데 큰 힘을 쏟지 않은 편이지만, 왕이 다니는 길이나 중국의 사신이 다니는 길은 나름 큰 폭의 대로로 조성했다.

이 국도 1호선 중에서 안양에서 수원까지 구간을 특별히 경수대로(京水大路)라 하는데, 이는 과거 정조대왕이 수원 화성에 가던 능행(陵幸) 길의 일부다. 즉위 초 노량진에서 남태령, 과천을 넘어 군포로 이어졌던 정조의 능행 길은 언덕이 적은 시흥, 안양 쪽으로 방향이 바뀌었다.[10]

정조가 이처럼 수원을 자주 방문했던 까닭이 있다. 부친이었던 사도세자가 안장된 왕릉이 수원 융릉이었기 때문이었다. 이 정조대왕 능행의 모습을 재현하는 행사가 지금까지도 매년 10월경 관련 지역에서 진행되고 있다. 서울 창덕궁에서 노량진을 지나 시흥, 안양, 군포, 의왕을 거쳐 수원 화성으로 가는 코스가 그것이다. 당초엔 경기도 수원시와 화성시에서만 열렸지만, 2016년부터 서울시를 비롯하여 경기도 안양시, 군포시, 의왕시도 함께 이 행사를 공동 주최하고 있다.

얼마 전 나는 안양에서 수원까지 이 경수대로를 따라 걸어간 적이 있었다. 굳이 걸어서 수원에 간 이유는 그런 정조대왕의 능행 길을 직접 느껴보고자 했던 이유도 있지만, 궁극적으로는 정조가 만든 조선의 신도시를 조선시대의 느낌으로 탐험해보고 싶어서였다.

현대를 살아가는 우리들에게 인공적인 신도시는 마치 분당, 일산부터 시작되었다고 생각될 수도 있다. 허나 그 조선시대에도 인공의 신도시가 있었으니, 이름하여 수원 화성이 그것이다. 도시는 다채로운 빛깔의 거대한 만화경과도 같아서, 사람들은 누구나 각자의 스펙트럼에 따라 해당 도시의 일부를 바라보고 특히 주목하기 마련이다. 예컨대 정약용의 거중기로 유명한 수원 화성의 축조 기술도 우리 역사에서 빼놓을 수 없는 기술이겠지만, 토목이 전공인 나로서는 역시 화성을 둘러싼 거시적인 도시계획이 더 매력적으로 느껴졌다.

정조대왕의 도시계획적 유산에 주목하며

여기서 나는 잠깐 '불경스러운' 말을 해보고 싶다. 교과서에서도 여러 번 등장하는 에피소드인 『화성성역의궤(華城城役儀軌)』•의 거중기에 관해서다. 조심스러운 말이지만 나는 사실 18세기에 만들어진 이 거중기가 왜 그리 칭송받아야 하는지 잘 이해가 가지 않는 한 사람이다. 기실 정약용 선생께서도 스스로 이것을 발명한 것이 아니고, 스위스 선교사가 저술한 『기기도설(奇器圖說)』••을 보고 만들었기 때문이다.

당시 서양의 기계공학을 전파한 이 『기기도설』이 저술된 때가 17세기이다. 그러니까 정조의 할아버지인 영조가 태어난 때가 1694년인데, 영국의 아이작 뉴턴이 태어난 때가 1643년이란 말이다. 이미 뉴턴이 케임브리지에서 물리학, 수학, 천문학, 경제학, 기타 등등을 다 통달하고 업적을 남기고 돌아가신 한참 후에 태어난 분이 우리의 정조대왕이시다. 정조가 얼마나 뛰어난 왕인지 알고, 정약용이 얼마나 뛰어난 사상가, 정치가인지를 충분히 알기에, 나는 이 시기의 기술 수준에 대한 객관적 직시야말로 우리 역사에 대한 올바른 안목을 갖추는 데 필수적인 요건이라 생각한다.

더욱이 현대 크레인의 뿌리라 할 수 있는 로마시대 펜타스파스토스(pentaspastos)만 보더라도 거중기 자체에 과도한 역사

• 조선시대 화성 성곽 축조에 관한 경위와 제도, 의식 등을 기록한 책.

•• 3권으로 이루어진 『기기도설』의 원제는 '원서기기도설록최(遠西奇器圖說錄最, Diagrams and explanations of the wonderful machines of the Far West'이다. 스위스 출신의 예수회 선교사로 중국 명 왕조 말기 중국에 왔던 요한 테렌츠 슈렉(Johann Terrenz Schreck)이 중국인 왕징(王徵)의 도움을 얻어 1627년 당시 서양의 기계 지식에 대해 중국어로 소개한 백과사전이다.

적 의의를 부여하는 것은 다소 부담스럽다. 17세기 당시 유럽에서는 이미 인력이 아닌 수압 크레인을 개발하고 있기도 했다. 증기기관을 제작하여 산업혁명의 기틀을 닦은 제임스 와트(1736~1819)는 거중기로 유명한 정약용(1762~1836)보다 앞 세대의 사람인 것이다.

다만 수원 화성에 관해서도 훌륭하다고 평가할 만한 게 없진 않다. 개인적으로 당대 세계의 건축 기술을 아우르는 시야에서 봤을 땐 도성 축조 기술의 정도를 그리 대단한 것이라 생각하지는 않지만, 화성이라는 신도시를 통해 바라본 정조의 그 도시계획 관점이 내 마음에 쏙 들었다. 당시 규장각에 어떤 훌륭한 도시계획가가 있었는지는 모르겠으나, 수원 화성의 전체적인 도시계획을 보면 상당히 완성도 있고 엄밀하게 짜인 느낌이 들기 때문이다.

수원 화성은 화성 성곽 자체보다 그 너머에 있는 물줄기를 보는 편이 더 흥미로울 수 있다. 수원은 크게 네 개의 물줄기가 흘러가는 곳이다. 도시의 이름 자체부터 물이 들어가는 수원(水原)이니 그럴 만도 하다. 이들은 의왕 오봉산이나 수원 광교산으로부터 흘러나오는 물줄기들이며 안성천으로 모여서 아산만을 통해 바다로 빠지게 된다.

이 하천들의 이름은 황구지천, 서호천, 수원천, 원천리천이다. 이 중 두 군데 물줄기를 가로막고 저수지를 만들었으니, 이게 일월저수지와 서호저수지, 그리고 일왕저수지이다. 여기서 서호저수지와 일왕저수지가 정조대왕의 작품인데, 과거 각각 축만제(祝萬堤)와 만석거(萬石渠)로 불리던 곳들이다.

물론 수원에는 더 유명한 광교저수지나 원천저수지, 파장저수지와 같은 곳들도 존재한다. 광교저수지와 파장저수지는 상수원 확보를 목적으로 20세기에 설치한 것이고, 원천저수지는 일제 강점기에 농업용수 목적으로 만든 것이다. 정조가 만든 축만제와 만석거 역시 농업용수로 사용하기 위해 축성한 저수지였다.

서호저수지의 원래 이름이 축만제인 까닭은 '천년만년 만석의 생산을 축원한다'고 하여 축만제이고, 일왕저수지를 일컬었던 만석거는 '10년을 기다려 만석을 거두는 이가 있다면 성을 지키는 데 도움이 될 것'이라는 뜻으로 지어진 것이다. 이들은 서호천을 가로막아 만든 것들인데, 앞서 언급된 다른 저수지들도 각각 황구지천이나 수원천, 그리고 원천리천의 물줄기를 가로막아 만든 것이다.

농업을 외면하지 않는 자족도시의 건설

물의 흐름을 가둔다. 이 명제는 최근 마치 잘못되고 바람직하지 못한 행태를 가리키는 것처럼 쓰이고 있는 게 사실이다. 이것은 아마도 환경영향평가를 졸속으로 시행한 후 진행된 4대강 사업에 대한 반작용으로 나타난 현상일 것이다. 그렇지만 과연 아침저녁으로 이러한 호수를 거닐며 행복을 느끼는 분들이 '물의 흐름을 가둔다'는 명제에 대해 그런 이미지를 갖는 게 맞는 일인지는 잘 모르겠다.

얼마 전 "왕송호수를 아침저녁으로 걷는 것이 인생의 낙이다. 인간의 때가 타지 않은 대자연의 향기를 매일같이 느끼는 행복이 이런 것이구나."라고 말씀하시는 어르신과 대화를 한 적이 있었다. 미안하게도 나는 산통을 다 깨며, "죄송하지만 어르신, 그 왕송호수는 인공저수지여서 인간의 때가 타지 않았다고 하기엔 다소의 무리가 있습니다."라고 말씀드렸다. 경기도 의왕에 위치한 왕송호수는 1948년에 축조된 것으로, 여타의 우리나라 인공호와 같이 농업용수 목적으로 건설된 것이다.

하지만 인공인들 어떠한가. 개인적으로 자연을 조각하는 조각가의 관점에서 보자면, 우리 인간이 살기 좋게 만드는 그러한 치수(治水)는 우리 삶에 지극히 도움이 된다고 생각한다. 정조는 화성이라는 신도시를 개발하며 그 성곽 안의 상업 활성화에도 신경을 썼지만, 동시에 성곽 밖의 농업에 주목하고 자족도시 건설을 위해 노력한 것으로 보인다. 농업에 있어 이러한 치수를 통한 수자원 확보는 불가피한 것이고, 덕분에 수원은 한국농업 개발의 메카와 같은 곳으로 발돋움할 수 있었다.

정조는 앞서 언급한 수원의 축만제와 만석거 외에도 안양의 만안제(萬安提)*, 화성의 만년제(萬年提)**를 축조한 바 있다. 그럼으로써 화성을 중심으로 동서남북 들판을 물이 풍부한 옥토로 조성하여 대유둔(大有屯)이라는 대규모 국영 시범농장을 조성했다. 정조가 개발하기 전까지는 황폐한 전답에 불과했던 수원이라는 땅은 이러한 개발을 통해 옥토로 바뀌었고, 대유둔은 첫 해부터 1,500여 석의 소출을 올렸다고 한다. 당시로서는 대단한 생산성의 소출이었다.[11]

나는 역사학자가 아니라 당시 정조가 어떠한 생각으로 이런 자족도시를 만들었는지는 잘 모르겠다. 조선왕조실록을 보다 보면 영조로부터 시작된 비극, 한중록으로 보여지는 사도세자와 혜경궁 홍씨의 슬픈 이야기, 그 행간의 바탕이 되는 노론(老論)과 소론(少論)의 정치적 싸움 속에서 정조가 얼마나 힘든 개인적 인생을 살아가며 국가를 통치했는지 잘 알 수 있다. 수원 화성이라는 신도시 역시 그러한 다양한 정치적 관계 속에서 탄생했겠지만, 목적이 무엇이든 나는 그 시도에 대해 박수를 보내고 싶다.

수원 8경인 서호낙조를 바라보며

정조는 도시를 건설하며 저수지뿐만 아니라 수원천을 준설하고, 상남지, 북지 등의 성내 연못도 조성했다. 장안문 옆으로 보면 수원 8경 중의 한 곳이라는 화홍문이 존재하는데, 이

• 정조 20년(1796년)에 을묘원행을 앞두고 정비된 시흥로변에 축조한 저수지. 안양시 만안구의 어원이기도 하다.

•• 정조 22년(1798년)에 축조된 저수지. 경기도 화성시 안녕동에 있는 제방이며, 경기도 기념물 제161호이다.

수원천을 조화롭게 가르는 구조물, 화홍문

구조물은 화성을 관통하는 수원천의 입구를 보호하기 위해 조성한 것이다. 영조도 탕평법, 균역법과 함께 준천(濬川), 즉 청계천을 준설하며 치수사업을 잘해 백성들을 하천의 범람과 전염병으로부터 구원한 것으로 유명한데, 과연 조선 후기 중흥기를 이끈 그 할아버지에 그 손자라 할 수 있다.

화성 성곽 내의 연못 역시 일반적인 조경시설이 아닌 배수를 위한 수량조절지이자 수질정화지였다. 화성 성곽 내 물의 흐름을 보면, 북은구에서 들어온 물은 함양지와 우수저류지, 배수조절지를 통해 남은구로 다시 나가는 시스템이었다. 이런 생태적 수류순환망(water stream and circulation network)이 있었기에 화성이라는 조선의 신도시는 지속가능성을 갖고 현재 인구 121만 명의 수원시와 인구 82만 명의 화성시라는 대도시로 발돋움할 수 있었을 것이었다.

혹자는 정조 이후 정순왕후가 섭정하지 않았다면 정조의 이러한 신도시는 전국으로 퍼졌을 수 있었을 것이라 말하기도 한다. 역사의 가정은 의미 없다지만, 정말 그랬다면 어땠을까 하는 생각에 잠시 빠져든다. 그랬다면 우리나라에 조금 더 특색이 있으면서도 흥미롭고 자족가능한 도시들이 많이 생겨나지 않았을까.

수원 8경이라는 아름다운 서호낙조를 바라보며, 가끔 나는 그런 의미 없는 상상을 해본다. 인공이면 어떠한가. 이렇듯 사람 살기 좋고 낙조가 아름답기 그지없는데 말이다.

항구의 낭만, 방파제의 낭만

서양 역사상의 시대 구분인 근대(近代, late modern period)는 르네상스 이후인 17~18세기부터라고 보는 것이 일반적이다. 이 시기에는 물론 봉건제도가 끝나고 자본주의 및 민주주의가 발흥했다는 특징이 있다. 과학혁명과 일부 중첩되기도 하는 이 시기에는 공학적 관점에서도 상당한 진보가 이뤄지는데, 이는 곧 건설 기술의 발달로 이어진다. 실제로 현재 우리가 사용하는 상당수의 건설 기술은 이 시기 이후에 완성된다. 대표적인 것이 콘크리트라 할 수 있다.

책의 1부에서도 설명했듯 콘크리트는 로마제국 때부터 판테온(Pantheon)이나 퐁 뒤 가르(Pont du Gard)와 같은 수로를 건설하는 데 사용하던 건설 재료였지만, 로마제국의 몰락 이후 중세시대에 접어들면서부터 그 사용이 현격하게 줄어들었다. 그러던 콘크리트가 다시 각광받게 된 계기는 18세기 영국의 공학자 존 스미튼(John Smeaton)이 조약돌과 석회 가루를 섞으며 계량화된 형태의 콘크리트를 만들기 시작한 것이었다.

영국 남단에 위치한 포틀랜드섬(Isle of Portland)은 석회암으로 구성된 작은 섬이다. 19세기 중반 이곳을 중심으로 재발견하게 된 현대 포틀랜드 시멘트는 이후 프랑스와 독일로 넘어가 철근콘크리트 형태의 현대 건축 재료로 재탄생하게 된다. 본디 압축력(compressive force)에만 강한 콘크리트라는 재료에 인장력(tensile force)에 강한 철근을 가함으로써 철근콘크리트는 거의 완벽한 재료로 현재까지 대부분의 건설 구조물에 쓰이고 있다.

여기서 콘크리트라는 재료의 역사에 대해 다시금 언급한 까닭은, 우리가 사용하고 있는 건설 기술은 생각보다 그 역사가 길지 않다는 점을 강조하고 싶었기 때문이다. 그러한 건설 기술의 발달이 이루어지지 않았다면 현재 우리가 생각하는 도시의 형태는 물론 위치도 현재와 같지 않았을 것이다.

방파제가 의미심장한 구조물인 이유

예컨대 방파제라 하는 구조물을 생각해보자. 방파제 위에서서 바다의 안과 밖을 자세히 살펴본 적이 있는가. 방파제 외측에 위치한 바다는 파도가 세게 치지만, 방파제 내측에서는 더없이 잔잔한 수면을 유지한다. 방파제(breakwater)는 그 단어의 뜻에서도 알 수 있듯이, 파도를 분쇄함으로써 파도가 가지고 있는 에너지를 감소시켜주는 구조물이다.

즉, 이 구조물은 단순하면서도 중요한 함의를 갖고 있다. 본디 자연적으로 잔잔한 수면이 형성되는 만(bay)에만 들어설 수 있는 항구(harbor)를 인간의 기술을 통해 만들어나갈 수 있다는 걸 뜻하기 때문이다.

실제로 건설 기술이 발달하지 않은 중세 이전에 발달한 항구도시의 면면을 보면 이를 조금 더 잘 확인할 수 있다. 신약성서에 등장하는 바울의 1-3차 전도 여행을 보면 주로 배를 타고 다니는데, 지중해를 중심으로 연안해상이 발달한 로마시대에는 배가 사람과 물자를 이동시키는 주요한 국제 교통수단이자 무역항로였기 때문이다.

요한계시록에 나오는 일곱 교회 중 항구도시는 두 곳으로, 서머나(Smyrna, 현재 명칭 Izmir)와 에베소(Ephesus, 현재 명칭 Selcuk)가 그 도시들이다. 안으로 움푹 패인 만의 형태를 한 이 이즈미르(Izmir)라는 도시는 현재도 항구이지만 2천 년 전에도 많은 로마 사람들이 오고 가던 항구였던 것이다. 이 도시가 항구가 되기 위해선 굳이 앞서 언급한 방파제를 만들 필요도 없었고, 항로의 수심을 확보하기 위해 준설(dredging)을 할 필요도 없었다. 천혜의 자연적 요소, 그러니까 지리적 요인으로 인해 이즈미르는 당대의 국제도시가 되었던 것이다.

반대로 지금 머릿속에 있는 현대 국제도시들을 한번 생각해보자. 유럽을 제외한 미국의 LA, 브라질의 상파울루, 호주의 시드니나 멜버른, 일본의 도쿄, 인도의 뭄바이, 남아공의 더반, 동아시아의 타이베이, 홍콩, 마카오, 싱가포르, 중동의 두바이 등 근대 이후 형성된 도시들의 면면을 살펴보면 자연 그대로의 지리적 여건만으로는 항구도시가 되기 어려웠다는 걸 알 수 있다. 만약 인간의 건설 기술이 없었다면 이들 도시들은 국제도시로 성장하기 어려웠을 것이다.

전 세계의 국제도시들이 발전할 수 있었던 건

그럼 남아공의 더반이라 하는 도시를 잠시 살펴보자. 남아공 콰줄루나탈주(KwaZulu-Natal Province)에서 가장 큰 도시인 이 더반(Durban)은 요하네스버그와 케이프타운 다음으로 큰 도시이자, 평창이 동계올림픽 개최지로 선정된 2011년에 IOC 총회가 열린 관광도시이기도 하다.

보통 사람들의 상식으로 남아공 최대의 항구는 케이프타운이라 여겨지겠지만, 실제 아프리카의 가장 크고 바쁜 항구는 더반 컨테이너 터미널(Durban Container terminal)이다. 이 더반항은 연간 360만 TEU•를 처리할 수 있는 능력을 가지고 있고, 입구 통로 폭 122m에 수심 12.8m에 이르러 파나맥스(Panamax)•• 급의 대형 선박이 접안할 수 있다.

• TEU(Twenty-foot equivalent units) 컨테이너의 단위. 20피트 컨테이너 1대.

•• 파나마운하를 통과할 수 있는 최대 규모의 선박을 통칭하는 용어. 전장 210~290m, 전폭 32.3m, 흘수 12m, 5만~8만DWT 규모의 선박을 포함한다.

1977년 설립된 이 더반 컨테이너 터미널은 남아공 전체 컨테이너 물량의 60%를 차지할 만큼 상당한 규모를 자랑하며, 이는 남반구에서 가장 큰 컨테이너 터미널이라 한다. 아마도 더반항이 수에즈운하를 제외하면 유럽과 아시아 지역 무역 연결통로의 중간에 위치하여 허브 역할을 수행하기 때문일 것으로 추측된다. 아울러 더반항에서 북쪽으로 3번 고속도로를 타고 달리면 요하네스버그까지 약 5~6시간 소요되는데, 이 육상 물류선을 통해 인근 육상 국가인 보츠와나나 짐바브웨의 물류까지 처리하고 있다.

더반이라는 도시는 1497년 포르투갈의 탐험가 바스코 다 가마(Vasco da Gama)가 발견하기 전까지는 콰줄루나탈 지역의 원주민들만 살던 조용한 동네였다. 여길 발견한 바스코 다 가마도 사실 천혜의 항구인 케이프타운만 주목했지, 이곳은 그저 보고 지나가는 수준이었다. 자연 상태의 더반은 산호초 서식지라 재래식 토목 기술로는 준설하기 어려운 상태였고, 1824년 보고서에 따르면 수심은 고작 9피트(약 2.7m)에 불과했다고 한다.

문제 해결의 실마리는 금광에 있었다. 19세기 후반 요하네스버그의 금과 다이아몬드가 발견됨에 따라 채굴한 금과 다이아몬드를 옮길 수 있는 항구가 필요했고, 당시 토목 기술자들은 18피트(약 5.4m) 이상의 깊이를 굴착할 수 있는 준설 기술을 도입하기 시작했다. 이를 계기로 더반의 준설공사는 계속되었고, 1930년에 이르러서는 수심 36.8피트(약 11.2m)의 선박도 이용할 수 있게 되어 작금의 남반구 최대의 컨테이너 터미널이 된 것이다.

이렇듯 지리적 특성과 인류의 건설 기술의 발달이라는 조합으로 인해 현대의 많은 국제도시들은 근대 이후 비약적으로 발전했다. 인도의 최대 경제도시인 뭄바이의 경우도 본디 일곱 개의 섬이었지만 영국의 식민 지배 시절부터 약 200여 년 동안 매립을 실시했던 역사를 갖고 있다. 덕분에 현재와 같은 메가시티가 되어 인도인들에게 금융, 산업 등 수많은 일자리를 제공하는 중이다.

미국이라고 예외는 아니다. 현재 미국에서 컨테이너 물동량 기준으로 가장 붐비는 항구인 LA항(Port of Los Angeles)의 역사를 톺아보았을 때, 이 항구 역시 근대 건설 기술이 없었다면 존재하기 어려웠음을 확인할 수 있다. 본래 LA항은 얕은 갯벌이라 부두로 사용되기에 적합하지 않았다고 한다. 하지만 19세기 후반부터 준설하기 시작했고 미국 정부가 이곳에 방파제도 짓기 시작하며 차차 상업항구로서의 기능을 갖춰가기 시작했다.

20세기 초만 하더라도 천혜의 만으로 이루어진 샌프란시스코가 미국 서부에서 가장 바쁜 항구였지만, 대규모 방파제의 건설과 해안의 준설이 이루어짐으로써 LA항이 이를 능가하기 시작했다. 21세기에 이르러 이 항구에는 미국 최대 규모 준설과 매립 프로그램이 실시되기도 했다. 이러한 과정이 있었기에 LA항은 작금의 미국 최대의 항구가 될 수 있었던 것이고, LA는 미국 서부의 중심 도시로 발돋움할 수 있었던 것이다.[12]

LA항의 전경

토목 기술의 발달이 바꿔놓은 세계의 풍경

내가 이러한 것에 관심을 갖기 시작하게 된 이유가 있다. 과거 인도 뭄바이(Mumbai)에서 근무할 때 지도를 보며 이곳은 왜 섬이 아닌가 하는 의문이 들었기 때문이었다. 뭄바이는 과거 봄베이(Bombay)로 불리던 인도의 최대 경제도시인데, 인도의 관문(Gateway of India)이라는 유적지가 있을 만큼 과거 대영제국 식민지 시절 무역의 중심지 역할을 수행했다.

보통의 식민지 시대 개항을 했던 곳을 보면 대부분 섬이라는 특징이 있다. 일본의 나가사키 데지마 섬, 중국의 홍콩 섬과 마카오 섬, 말레이반도의 싱가포르 섬 등이 그러하다. 이는 침략자 관점에서 보자면 육지로부터의 공격에 방어하기 쉽고, 방어자 관점에서도 외지인들을 특정 구역에서 관리하기 쉽다는 장점이 공존하기 때문이다.

나는 인도의 근현대사를 들여다보다가 뭄바이의 간척과 준설의 역사를 알게 됐다. 지금은 내륙으로 보이는 뭄바이 역시 과거 대영제국의 침략 시기에는 섬이었기 때문에 이 역시 식민지 시대 개항지의 보편적인 지리적 특성과 궤를 같이함을 알 수 있었다.

이처럼 근대 국제도시는 결코 자연적으로 탄생한 것이 아니라, 인간의 노력과 자본 투입이 있었기에 형성이 가능한 것이었다. 이러한 근대도시들이 공급하는 일자리와 무역량을 생각하면, 이들이 없는 작금의 세계는 생각하기 어려운 수준이다.

경제학적으로 보자면 국제무역의 증가는 국내균형가격보다 낮은 국제균형가격을 소비자에게 선사한다. 그 국제균형가격이 가져다주는 더 높은 소비자잉여를 통해 우리가 누리는 이익과 윤택함은 상상 그 이상이다. 현재와 같이 무역이 활성화되지 않았다면 우리는 이케아나 SPA* 등의 저렴한 제품을 쉽게 접하지 못했을 것은 물론이고, 국지적인 흉년에 보릿고개를 걱정해야 했을 가능성도 크다. 무역의 힘은 그토록 강력하기 때문이다.

물론 토목 기술의 발달이 없었다면 현대 국제도시의 상징인 국제공항에도 역시 이렇게 많은 비행기가 오고 갈 수는 없었을 것이다. 바다 위에 지어진 인천공항이나 싱가포르 창이공항, 홍콩의 첵랍콕공항, 일본의 간사이공항, 이 모든 것들은 인간의 공학 기술 발달이 가져온 축복이라 할 수 있는 것이다.

내가 제주도에 갈 때마다 꼭 들르는 곳은 이호테우해변이다. 이 해변의 테트라포드(tetrapod)로 이루어진 방파제 끝에는 아름다운 목마등대가 있는데, 해가 떨어지는 낙조와 어우러지는 풍경이 일품이다. 비록 방파제도 등대도 인간의 필요를 위해 만들어진 구조물이지만, 자연의 낙조와 조화롭게 어울리는 장면은 늘 낭만적이다. 그러니까, 낭만은 꼭 자연에만 있는 것이 아니다.

---

* Specialty stores/retailers of Private-label Apparel. 미국 브랜드 '갭'이 1986년에 선보인 사업 모델로 의류기획·디자인, 생산·제조, 유통·판매까지 전 과정을 제조회사가 맡는 의류 전문점을 말한다.

미세먼지에 관한 어떤 오해

코로나 바이러스로 통행의 제한이 되기 전, 자유롭게 비행기, 선박, 자동차 등으로 왕래하던 시절에 가장 큰 사회적 이슈 중의 하나는 미세먼지였다. 물론 미세먼지와 같은 대기질 문제는 그 요인이 워낙 다양하고 그에 대한 인과관계를 명확히 재단하기 어려워 늘 갑론을박이 있을 수밖에 없는 문제다.

다만 간혹 인류 기술의 발달이 미세먼지를 발생시켰고, 그러니 당장 발전소나 제철소와 같은 산업시설 가동을 전면 중단시켜야 문제를 해결할 수 있다는 의견을 접하면 당황스럽다. 사실 미세먼지와 같은 대기 문제가 우리 인류에게 대두된 것은 어제 오늘의 일이 아니다. 인류는 꽤나 오랫동안 이 문제와 마주했고, 이제는 그 공존을 향한 방향으로 문제를 해결해나가고 있다는 것이 나의 진단이다. 나는 왜 그렇게 생각하는가?

산업혁명 이후 지구의 인구는 급증했고 기술의 발달로 인해 환경오염은 점점 더 심해져갔다. 하지만 어느 지점에서 선진국을 시작으로 변곡점이 발생하기 시작했고, 현재의 관점에서 보자면 그 오염의 가속도는 줄어들고 있는 측면이 존재한다. WHO(World Health Organization) 등의 자료에 따른 미국과 중국 도시들의 미세먼지 연간 평균 농도를 한번 들여다보자.[13]

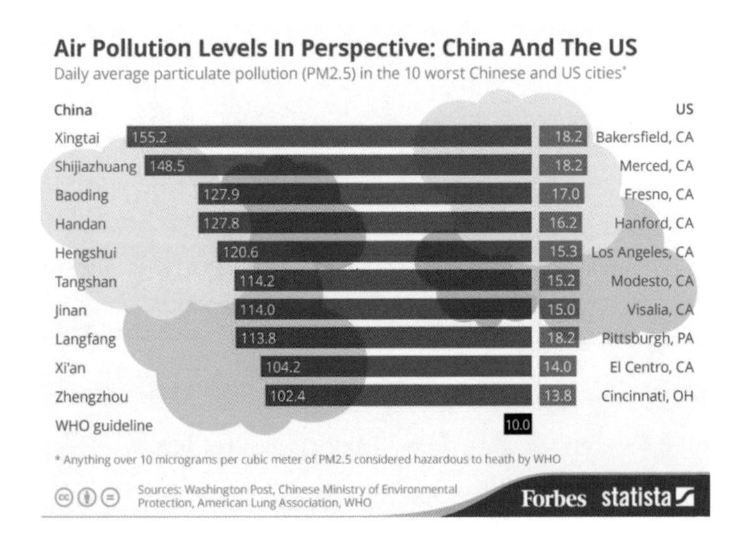

이 표를 본다면 두 국가 도시들의 차이가 정말 극명하게 느껴지지 않는가. 물론 이는 후발 산업국가의 태생적 한계일 수도 있다. 뒤늦게 굴뚝산업인 2차산업이 발흥하고, 그러다 보니 온실가스를 배출하는 양이 늘 수밖에 없는 탓이다.

그렇다면 산업화가 거의 이루어지지 않은 도시의 상태는 어떠할까. PM10 농도 기준으로 보자면, 휴양지로 널리 알려진 필리핀의 세부는 54$\mu g/m^3$, 남아공의 요하네스버그는 85$\mu g/m^3$, 산업시설이 거의 없는 사우디아라비아의 리야드는 368$\mu g/m^3$,

몽골의 수도 울란바토르는 165㎍/m³ 정도 된다. 세계 주요 항만 컨테이너 물동량 관점에서 보자면, 2018년 기준 33,468 천TEU의 엄청난 교역을 하는 싱가포르항은 인도의 자와할랄네루항(3,365 천TEU)보다 훨씬 많은 선박의 질소산화물을 배출할 것으로 추정된다. 하지만 미세먼지 농도 측면에서 보자면, 싱가포르가 30㎍/m³, 자와할랄네루항이 위치한 인도의 뭄바이는 117㎍/m³임을 확인할 수 있다.

기술의 발전이 우리에게 남긴 것들

그렇다면 그 이유는 무엇일까. 문득 인도에서 가장 주민 소득이 낮은 지역이라는 비하르주의 파트나 시에 거주할 시절이 떠오른다. 나는 아시아 개발은행(ADB)의 양허성 차관(concessional loan)•으로 이루어진 비하르주 갠지스강 교량공사 프로젝트에 참여한 적이 있었다. 이때 그 지역에 위치한 파트나 시의 허름한 아파트에 몇 달간 거주했는데, 거기는 아파트라 하지만 좌변기도 없고 전기도 드문드문 들어오는 곳이었다. 그나마 우리 아파트 옆의 건물은 짓다가 만 폐가였지만 그 안에도 수많

• 이자율, 상환 기간, 거치 기간의 세 가지 요소를 고려하여 시중의 일반 자금 융자와 비교하여 차입국에 유리한 조건으로 제공하는 차관. 주로 개발도상국에 제공된다.

은 사람들이 살고 있었다. 아이들은 길거리의 멧돼지와 뒹굴며 놀고 있고, 위생이라고는 찾아보기 힘든 그런 동네였다.

문제는 안 그래도 무더운 여름철인데도 밤중에 전기가 끊어지면 에어콘 가동이 중단된다는 점이었다. 더워서 창문을 열면 모기가 들어오고, 멧돼지 가족이 뒹굴며 노는 흙탕물에서 전해져 오는 악취에 잠을 이루지 못하곤 했다. 불행 중 다행이랄까, 우리 아파트에는 발전기가 있어 정전이 되면 몇십 분 후 드르렁, 하며 관리인께서 발전기를 가동시키곤 했다. 하지만 발전기가 가동된 후 몇 분 동안은 그 매연 냄새 때문에 또 방 안에 있기가 어려웠던 기억이 난다.

한번은 그 발전기가 어떻게 생겼는지 가서 살펴보았다. 나는 발전기가 가동될 때 발생하는 검은 매연을 보고 기겁하지 않을 수 없었다. 길거리에는 늘 삼륜차인 오토릭샤(auto rickshaw)가 불완전연소로 인한 배기가스를 내뿜고, 갠지스 강가의 장례로 인한 연소, 그리고 벽돌공장 굴뚝에서 쉴 새 없이 내뿜는 연기가 결합되며 회색도시는 비로소 완성되었다.

상기 경험을 통해 반추해보자면, 선진국 도시가 깨끗한 이유는 기술의 발전일 수 있다. 내가 몇 년간 인도의 도시에 거주하며 경험한 대기오염 배출원들이 선진국에서는 거의 없는 게 사실이기 때문이다. 물론 이와 같은 대기오염 배출원들은 100여 년 전 선진국에도 존재했다. 역사적으로 봤을 때 대기오염의 큰 사건은 아이러니하게도 앞서 자료에서 청정지역으로 분류되는 영국과 미국에서 발생했다.

널리 알려진 바와 같이 스모그라는 단어는 1909년 영국 글래스고와 에든버러에서 매연-안개로 1천 명 이상의 사상자가 발생하며 생겨났다. 스모그는 크게 LA형과 런던형으로 나뉘는데, LA형은 자동차 배기가스 위주의 광화학 스모그이며, 런던형은 가정 난방용 및 공장과 발전소의 석탄 사용으로 발생한 스모그다. 참고로 1952년 발생한 런던 스모그는 발생 첫 2주 동안 4천여 명이 사망했고, 이후 2개월 동안 8천여 명이 사망할 정도로 심각한 수준이었다.[14]

그러면 이 두 도시는 어떻게 현재와 같이 살기 좋은 도시가 되었을까? 물론 산업 생산시설의 상당수를 역외로 돌린 것도 이유겠지만, 그게 다는 아니다. 과학기술의 발전을 통해 자동차 배기가스를 효과적으로 통제하고, 화력발전소 배연탈황 설비 등의 도입을 통해 오염원 자체를 줄여나갔기 때문이다.

런던의 경우 사고 이후 '대기오염청정법(Clean Air Acts)'을 제정하여 가정 난방 연료를 석탄에서 천연가스로 점진적으로 대체시켰고, LA의 경우 사고 이후 질소산화물 및 탄화수소의 방지 대책을 강구하여 주요 배출원인 자동차 배출가스에 대한 강력한 규제를 실시했다. 1950년대 당시 LA의 대기오염에서 자동차가 차지하는 비중은 80%에 달했기 때문이다.

지금 푸켓이나 개도국 휴양지만 가봐도 그 삼륜차에서 뿜어져 나오는 검은 연기는 휴양지에서의 좋은 기분을 한순간에 망치게 하곤 한다. 선진국은 규제 기준이 높아 배기가스를 낮은 수준으로 배출하는 자동차가 많지만, 개도국은 아직도 검은 연기를 내뿜는 차들이 즐비하다. 유럽만 가봐도 디젤차가 많기는 하지만 주행 중 멈추면 시동이 꺼지는 형태의 차량이 대다수이다. 물론 이마저도 이제는 전기차로 대체되는 과정 중에 있다.

앞서 설명한 바와 같이 LA의 대기오염이 극에 달했을 1950년대, 캘리포니아 당국은 미국에서 처음으로 자동차 배기가스 배출기준을 발표했고 이는 점차 다른 주로 퍼져나갔다. 새 차와 중고차, 오토바이 등을 가릴 것 없이 검사한 이 당시의 노력으로 LA는 현재의 LA가 될 수 있었다. 캘리포니아주는 미국 경제의 양대 산맥으로서 따로 떼어 놓더라도 세계 6위권 경제 규모 수준이다. 이 때문에 디트로이트에서 자동차를 생산하는 회사들도 캘리포니아주의 배기가스 배출기준에 따를 수밖에 없었던 것이다.

이런 미국의 기준은 전 세계의 기준이 되어버렸다. 1992년부터 시작한 '유로 1'은 현재 '유로 6'까지 강화된 배기가스 기준을 사용하고 있다.• 이처럼 20년이 조금 넘는 기간 동안 이뤄진 '유로 1'에서 '유로 6'의 규제 효과까지만 보더라도 질소산화물 배출량은 98%, 일산화탄소 배출량은 89%가량 줄어들게 되었다. 그러니 스모그로 고통을 받았던 50년대 LA에 존재하던 자동차 배기가스 배출량은 아마도 현대 선진국 자동차의

• '유로 1'과 '유로 6'은 유럽연합(EU)이 도입한 경유차 배기가스 규제 단계의 명칭이다. 1992년 '유로 1'에서 출발해 2013년 '유로 6'까지 지속적으로 강화되어 왔다.

몇십 배, 혹은 몇백 배 많은 수준이었을 것으로 추측할 수 있다. 결국 규제의 강화, 기술의 발전으로 우리는 현재와 같은 깨끗한 도시에서 살 수 있게 된 것이리라.

환경보호는 지구를 '있는 그대로' 두는 건 아니기에

산업혁명 이후 석탄과 석유 등 화석연료 기술의 어설픈 도입으로 인해 심각한 환경오염이 벌어진 것은 사실이다. 하지만 현재는 과거의 실패를 딛고 그것을 뛰어넘는 기술이 도입되었고, 선진화된 현대 도시의 대부분은 저개발국 도시보다 훨씬 깨끗한 수준의 환경을 자랑한다. 굴뚝산업이라는 제조업 탓이라고 하기엔 독일과 일본은 정말로 청정한 자연을 자랑하고 있는 것이다.

최근 미세먼지의 증가 때문에 미래가 다소 비관적으로 생각될지 모르겠으나, 앞서 언급한 20세기 중초반 영국과 미국의 대기오염과 이로 인한 대규모 사망 사태 당시 사람들의 미래에 대한 비관론은 상상하기 어려운 수준이었을 것이다. 하지만 작금의 런던과 LA는 과거와 비교할 수 없을 만큼 나아졌다. 미래를 낙관적으로 볼 것인지 비관적으로 볼 것인지는 각자가 판단해야 할 영역이지만 지금보다 조금은 더 낙관적으로 보아도 되지 않을까. 그 기술에 대한 낙관의 바탕 위에서 우리는 더욱 치열하게 고민해야 하는 건 아닐까.

그래도 전 세계는 교토 의정서(Kyoto Protocol)*, 코펜하겐 협정(Copenhagen Accord)**, 람사르 협약(Ramsar Convention)*** 등을 통해 조금이나마 지구와 공생하고자 노력을 하고 있다. 70억 명의 인구가 한 행성에 모여 사는 것은 생각보다 어려운 일일 것이다. 그러나 기술의 발전과 환경에 대한 경각심을 병행해서 갖춰 나간다면, 예전보다 더 나은 지속가능한 사회를 이룩할 수 있지 않을까 생각한다.

환경을 지키는 것은 개발을 하지 않고 지구를 그대로 두는 것이 아니다. 지구를 있는 그대로 둔다면 지구에게는 분명 좋은 일일 수 있지만 인간에게는 살기 어려운 곳이 될 것이다. 최근 미국 기업들을 중심으로 RE100(Renewable Energy 100%)을 선언한 곳들이 많이 등장하고 있다. RE100은 기업이 필요한 전력의 100%를 재생에너지로 공급하겠다는 자발적인 캠페인이다. 구글이나 애플, 레고나 웰스파고와 같이 세계적으로 선도에 있는 기업들이 이미 RE100을 달성했고, 애플의 경우는 이제 2030년까지 서플라이 체인으로 그 규모를 확대해 나가겠다고 탄소중립선언을 발표했다. 이처럼 우리는 굳이 현재 있는 것을

- * 기후변화협약에 따른 온실가스 감축 목표에 관한 의정서. 1997년 12월 일본 교토에서 열린 기후변화협약 제3차 당사국 총회에서 채택되었다
- ** 2013년 이후 전 세계 온실가스 감축 방안을 담은 협약으로, 2009년 12월 덴마크 코펜하겐에서 열린 제15차 유엔 기후변화협약 당사국 총회에서 세계 119개 정상이 합의한 내용이다.
- *** 물새 서식지로서 중요한 습지 보호에 관한 협약. 1971년 이란 람사르에서 채택되어 1975년에 발효된 국제 협약이다.

버리거나 포기하지 않으면서도 미세먼지를 줄여나가는 기술을 스스로 찾아나가고 있다.

우리나라 기업들 역시 RE100에 적극적으로 참여하여 후세 사람들에게 더 나은 대기를 물려줄 수 있기를 기원한다. 그리고 지구는 본디 인간과 자연이 조화롭게 살아가기 어려운 곳이다. 기술의 발달로 지구가 크게 고통을 받고 있긴 하지만, 그 고통을 이겨낼 방법에 관해서라면 역설적으로 더 나은 기술의 발달이 해답일 수도 있다. 나는 한 사람의 엔지니어로서 부디 지속 가능한 지구를 만들 수 있는 더 훌륭한 과학기술의 진보가 후세대를 통해 계속 이루어지길 바랄 뿐이다.

제주도의 '개발'에 대하여

최근 "제주도가 예전의 제주도 같지 않다"라는 이야기를 하며 제주도 개발에 대해 무조건적으로 반대하는 사람들을 볼 수 있다. 이들은 제주공항은 현재 포화 상태이고, 자동차가 많다는 이유를 들며, 무엇보다도 '한라산의 허리'를 베어내 '중국 자본에 개발 허가'를 내주며 개발하는 바람에 섬의 정체성을 잃고 있다고 지적한다. 이는 궁극적으로 제주도의 대규모 개발을 멈추고 섬의 정체성을 되찾아야 한다는 주장까지 이어진다.

어떠한 사회가 개발되고 발전되어 나가면 그에 따른 문제는 필연적으로 수반되기 마련이다. 이때 그 문제에 대한 해결 방법은 크게 두 가지로 나눌 수 있는데, 첫째는 문제가 무엇인지 분석하고 그 문제점을 해결하는 일, 둘째는 그저 개발 자체를 멈추고 예전으로 돌아가자는 것이다. 심정적으로야 후자를 주장하는 분들의 마음도 이해는 가지만, 그것은 제대로 된 해결 방법이 될 수 없다.

제주도의 경우, 이미 개발이 많이 이루어져 관광수입으로 섬의 많은 사람들이 먹고살고 있는데, 이제 와서 제주도가 예전의 제주도 같지 않다며 제2공항도 짓지 말고, 개발을 멈추고, 중국 자본을 몰아내자는 것은 향후 관광객의 수를 줄이자는 주장과 다르지 않다. 관광객의 수가 줄어들면 관광수입이 줄어들 것이고, 이에 따른 부동산 신규 투자가 이어지지 않으면 제주도는 황량한 섬으로 전락할 것이다. 그 투자와 개발 덕분에 제주도의 취득세 수입은 2010년 670억 원에서 2017년 5,499억 원까지 늘어나게 되었다.

어느 지역에 돈이 흘러든다는 것에 대해 본능적으로 거부감을 느낄 수도 있지만, 부지불식간에 우리가 사용하는 전기, 상하수도, 통신, 난방 등의 유틸리티는 사실 이러한 세원을 바탕으로 한 예산이 없다면 누릴 수 없는 것들이다. 일례로 지난 2007년 제주도는 태풍 나리로 인해 12명이 숨지고 928억 원의 재산 피해가 발생한 바 있다. 이 때문에 수백억 원의 예산을 들여 현재까지 총 78개의 홍수조절용 저류지를 건설했는데, 덕분에 이제 비가 오더라도 한라산부터 흐르는 물은 바로 해안가 하류로 몰아치지 않게 되었다. 지자체에 충분한 예산이 없다면 결코 조성할 수 없는 인프라이다.

관광업이 제주도에 미치고 있는 영향은

나는 1993년까지 제주도에 살다가 육지로 넘어왔다. 그때만 해도 제주도에는 외지인이 그다지 많지 않았고 어딜 가나 한산한 편이었다. 교통 체증은 당연히 없었고, 대형 마트나 브랜드 백화점 같은 것도 없었다. 그래서 장난감이나 특별한 제품을 사려면 육지로 나가야 했다.

당시만 해도 비행기 편이 대한항공과 아시아나항공밖에 없었고, 노선 수가 많지 않아 비행기표도 비쌌다. 그 때문에 육지로 나가는 것도 보통 사람들에겐 일종의 큰일이었다. 통계청 자료를 확인해보니 당시 관광객 수는 총 369만 명 수준이었고, 이 중에 내국인이 347만 명이며 외국인이 22만 명 수준이었다고 한다. 지금은 어떠한가, 2015년 기준 제주도 총 관광객 수는 1,366만 명이고, 내국인이 1,104백만 명이며 외국인은 262만 명이다. 내국인은 318% 증가했고, 외국인은 무려 1,191% 증가했다.

이런 추세 덕분에 도내 숙박 및 음식점의 부가가치는 물론 관광숙박업 사업체의 매출액은 상당히 증가하여 10년 전 대비 도내 1인당 지역총소득은 67.8% 증가했다. 이는 같은 기간 전국 1인당 지역총소득 증가율인 56.5%를 훨씬 상회하는 수준이다. 그리고 제조업 기반이 전혀 없는 제주도에서 관광산업이 침체를 겪는다면, 제주도는 큰 문제에 봉착하게 될 것이다.

제주도의 2014년 총부가가치 기준으로 따져봤을 때, 관광

개발과 관련된 건설업, 도·소매업, 운수업, 숙박·음식업, 부동산, 공공행정, 문화서비스업을 합치면 총 56%를 차지한다. 전국 기준으로 이를 합치면 38%인데 이와 비교해보면 상당히 높은 수치임을 확인할 수 있다. 참고로 전국 기준 제조업의 전체 부가가치 비중은 30%인 데 반해 제주도는 3%에 불과하다.

한국의 관광수지를 보면 2007년 -108.6%를 찍고 2014년 기준 -17%로 서서히 회복세로 접어들고 있다. 참고로 관광수지는 관광수입 기준 관광지출의 차이를 통해 비교하는 통계자료이다. 지난 10여 년간 관광수지가 개선된 이유는 관광지출이 줄어서라기보다는 관광수입이 기하급수적으로 늘고 있기 때문이다. 2007년 61억 불이었던 관광수입은 2010년 100억 불을 돌파하고 2014년 181억 불에 이르게 된다. 181억 불이면 대략 20조 원이 넘는 큰 액수다.

문화체육관광부 산하 한국문화관광연구원 자료에 따르면, 2015년 기준 총 1,094만 명의 외국인 관광객이 집계되었는데, 여기서 제주는 경기도(327만 명)와 서울시(286만 명) 다음인 236만 명의 관광객을 유치한 것을 볼 수 있다. 우리나라의 관광수입은 이 서울, 경기, 제주 세 군데에서 대부분이 발생했다고 봐도 과언은 아닐 것이다.

아름다운 제주도의 미래를 기약하며

공항이 과부하가 걸렸다면 신공항을 만들어 문제를 해결해야 한다. 그리고 신공항이 만들어지기 전까지는 어느 정도 여객기 운항횟수를 제한한다든지, 심야시간 운항을 시작한다든지 등의 다른 방법을 통해 공항 과부하 문제를 해결해야 한다. 도내에 자동차가 지나치게 많다는 비판이 제기된다면 렌터카 대수를 제한하거나, 버스 시스템을 확립하거나, 트램(Tram) 등 새로운 교통수단의 도입을 검토하는 방안 등을 통해서 대중교통 체계를 잘 갖추는 방법으로 문제를 해결할 수 있을 것이다.

중국 자본의 진출에 대한 우려는 어떤가. 섬에 대한 중국인의 무분별한 투자가 이어졌던 건 사실이라, 제주지사는 조례 변경을 통해 중국 자본 움직임에 약간의 제동을 걸었다. 그렇다고 완전히 제동을 건 것은 아니고 어느 정도의 기준을 확립했다고 볼 수 있다. 그렇지만 알아두어야 할 것이 있다. 세계 대부분의 지방자치 지도자는 그 '투자'를 유치하기 위해 백방으로 뛰어다니고 있다는 것이다.

이런 관점에서 보자면, 제주도는 현재 자연스럽게 들어오는 투자를 굳이 급하게 막을 필요는 없을 것이다. 법령을 과도히 흔들면 오히려 투자가 한순간에 얼어붙어 지역경제 자체가 큰 타격을 입을 수 있다. 이미 어업을 제외하고선 수많은 지역주민들이 관광산업 및 부동산과 관련된 업에 종사하고 있는 현실이 엄연하게 존재한다. 그분들의 매출 및 고용에 영향을 주는 산업 자체를 흔들어버리는 일은 무리가 있을 것이다.

문제점을 지적하고 보완해나가는 방향을 제시하는 것은 바람직하다. 하지만 문제가 발생했다고, 그저 예전이 좋았다는 주관적 기억 하나만으로 개발을 한순간에 멈추자고 하는 것은 올바른 답이 아니다. 부디 제주도가 지금껏 쌓아온 역량으로 활성화된 관광산업을 잘 발전시키며, 환경 및 교통 등의 문제를 원만히 해결해 나갔으면 한다. 우리나라 역사상 언제 이처럼 하와이나 홍콩 같은 관광 섬을 가질 수 있게 되었는가.

제주도를 꾸준히 사람들이 찾을 수 있는 좋은 섬으로 만들려면 투자를 계속 이어나가면서도 질서 있는 환경을 만드는 자세가 필요하지 않을까 싶다. 선진국으로 가면 갈수록 부가가치의 차원에서 제조업보다는 서비스업의 비중이 점점 더 높아지게 된다. 부디 그 과정을 거치며 예전의 향수에 젖은 채 그저 과거로 뒷걸음질 치자는 주장이 지배하지 않았으면 좋겠다.

나는 여전히 본가가 제주도라 자주 오가는 편이다. 서울-부산 KTX 비용보다도 훨씬 저렴한 저가항공 비행기표 가격에 늘 깜짝 놀라곤 한다. 지난달에 제주도를 다녀왔을 때는 편도 1.5만 원에 국적기 항공사를 이용했는데, 이쯤 되면 KTX는커녕 서울-대전 우등버스 비용보다 저렴한 것이다. 물론 이렇게 낮은 비행기표 가격은 수요와 공급이 많은 제주도 관광객 수 덕분일 것이다. 나는 이 아름다운 제주가 지속가능한 관광지로 발전해 나갈 수 있길 바란다.

국가의 탄생,
조용한 혁명

한국전쟁을 겪은 분이 아니고서야 우린 모두 태어날 때부터 인프라가 다 갖추어진 나라에서 자라났다고 할 수 있다. 그렇기에 저소득국가나 개발도상국을 둘러보지 않는다면 딱히 인프라의 중요성을 느끼지 못한다. 하지만 아프리카나 서남아시아 국가에 출장을 다니다 보면, 그 인프라가 부족하여 국가로서의 기능을 다하지 못하는 경우를 자주 보게 된다.

물론 국가를 이루는 3요소는 영토·인구·주권이지만, 여기서 강조하고 싶은 것은 그 국가의 먹고사니즘의 문제이다. 한국은 주지하다시피 전 세계적인 관점에서 봤을 때 비교적 충분히 먹고살 만한 나라이다. 한스 로슬링의 『팩트풀니스』에 따르면 물가 차이를 반영한 1인당 1일 소득의 네 단계 소득수준 중 한국은 32달러(약 3만 8천 원, 2020년 3월 기준) 이상인 4단계에 속해 있으며,[15] 이는 지구 전체 인구 약 70억 명 중 14%가량인 단 10억 명에게만 허락된 삶이다.

나는 여기서 교통 인프라를 중심으로 국가가 형성되는 과정을 설명해보고자 한다. 현대사회에서 자급자족으로 국가경제를 이루어나가는 나라는 존재하지 않는다. 아프리카 대륙 속의 남아프리카 공화국, 그 속에 존재하는 에스와티니 왕국(스와질란드의 공식 국가명)이라는 작은 나라에도 코카콜라 공장이 존재하여, 코카콜라를 수출해서 먹고산다. 영국의 가디언지에 따르면, 코카콜라 공장이 이 나라 GDP의 40%가량 기여하고 있다고 추정되고 있다.[16]

인도와 같은 인구대국은 과거 영국으로부터 독립한 후 자급자족과 자립경제 달성을 위해 노력한 적이 있었다. 하지만 이러한 인구대국조차도 그 목적을 달성하지 못하고, 1990년 즈음 경제위기를 맞이한 후 개방경제로 돌아섰다. 결국 수출과 수입을 통한 국가경제 구성은 현대 경제에 있어 필수불가결한 수준인데, 이렇듯 재화를 생산하고 수입과 수출을 하기 위해선 항만이 필요하다.

가끔 한국은 삼면이 바다이고 북쪽이 막혀 있어 문제라고 하는 분들이 계신다. 그렇지만 이렇게 섬나라 구조로 되어 있는 나라가 국가 경제적으로는 플러스면 플러스지, 마이너스는 아니라고 생각한다. 몽골과 같이 사면이 육지라 해상수송을 할 수 없는 나라보다는 일본과 같이 사면이 해양이라 해상수송을 통해 무역을 증진시킬 수 있는 구조가 국가 경제 관점에서는 훨씬 더 좋다는 말이다.

한 국가에 탄탄한 교통 인프라가 구비되기 위해선

우리가 대량으로 소비하는 석유를 포함한 원자재, 혹은 곡물 등을 생각해보자. 인천항이나 부산항과 같은 거대한 항구가 없어 이를 트럭이나 기차로 옮긴다고 가정하면 수송비는 기하급수적으로 늘어날 것이다. 그런데 항구를 짓는 비용은 엄청나게 크고 생각보다 장기간의 시간이 소요되는 작업이다. 항구를 만들기 위해서는 수십 km의 방파제를 먼저 조성해야 하며, 그 안에는 준설을 통해 대규모 평지를 만들어야 한다. 여기다 배후부지의 인프라까지 만든다고 한다면 비용으로만 봐도 수조 원이 넘을 수밖에 없으며, 기간으로만 따져도 수십 년은 걸리는 공사이다.

이라크라는 나라는 대부분의 국경이 육지이며, 이라크의 남쪽 끝에는 알포(Al Faw)라는 동네가 있다. 여기에 움카스르항(Umm Qasr Port)이라는 깊은 수심의 항구가 존재하고, 이 항구는 이 나라의 유일한 항구라 할 만하다. 이곳에서 이라크 전체 수입 물량의 80%가량이 처리되는데[17], 1970년대 초반에 설치되어 노후화가 심각한 수준이다. 이라크는 석유를 수출하여 외화를 벌어야 하는 상황인데 이렇듯 항구가 낙후되어 있으니 석유 생산량에도 어느 정도 제약이 발생하기 마련이다.

그래서 이라크는 알포라는 지역에 컨테이너 터미널을 짓기 시작한다. 그런데 지난 9년간 1조 원가량의 비용을 들이고도 방파제 하나가 겨우 만들어지고 있는 형편이다. 방파제가

다 지어지면 내부 준설 및 간척사업이 시작되어야 하지만 이제 겨우 프로젝트 진행 초기 단계에 머물러 있는 상황이 계속되고 있다. 아마도 알포 항구가 완공되려면 앞으로 10년은 훌쩍 넘어야 할 것이다.

이처럼 항만 하나를 짓는 일도 쉬운 일이 아니다. 이라크의 예를 계속 든다면, 항만을 지어도 원유 집산지 및 채굴하는 곳으로부터의 파이프 혹은 철도라인을 짓는 일도 또다시 대규모 자금과 기간이 소요되는 작업이다. 그러니 땅속에 석유가 아무리 있어도 이를 현금화하는 데는 너무나 오랜 기간과 비용이 든다는 말이다.

앞서 항만을 중심으로 설명했는데, 이번엔 그 교통 인프라의 꽃이라 할 수 있는 도로에 대해 이야기해보자. 주말이면 도심에도 아스팔트를 새로 까는 장면이 종종 보인다. 그리고 도로 건설에 있어 핵심은 이 아스팔트라기보다는 흙을 다루는 토공(earth work)이라 할 수 있다. 조금 나와 있는 부분은 깎고, 들어가 있는 부분을 성토(盛土)하며 만드는 게 도로의 선형이며, 이 선형을 위해 토목공학자들은 건설공사를 하기 전 유토곡선•을 만들어 효율적인 토량의 배분을 달성한다.

그러니까 이 유토곡선이라 하는 것은 가능하면 운반거리를

• 건설공사 토공에서 성토와 절토의 계획토량, 운반거리 등을 결정하는 것을 토량 배분이라 한다. 이 토량 배분을 효율적으로 하기 위해 미리 노선을 계획하는 것이 유토곡선이다.

짧게 하여 덤프트럭의 투입 대수를 최소화하고, 높은 곳에서 낮은 곳으로 흙을 운반시키며, 토량을 모아서 가장 효율적인 방법으로 운반하는 데에 그 목적이 있다. 땅이면 다 아파트가 지어지고, 길이면 다 도로가 된다고 생각하면 오산이다. 그 아파트를 짓기 위해 LH공사나 SH공사는 택지개발을 하여 땅을 평평하게 만들고, 상하수도는 물론 전기통신 라인을 지중에 매설하는 한편, 터널 및 교량을 만들어 접근성이 용이하게 만든다. 아파트는 그렇게 구획이 정리되고 지반이 탄탄해진 땅 위에서만 건설될 수 있기 때문이다.

도로의 계획고(計劃高)상 비교적 평평한 지반이 계속해서 이어진다면 모르겠지만, 굴곡이 심하고 산이나 강, 호수 등의 장애물이 존재하는 곳이라면 도로를 건설하는 비용은 기하급수적으로 증가하기 시작한다. 한국의 고속도로는 대부분 교량과 터널로 이루어져 있는데, 단순히 국토의 70%가 산지라는 것을 상기해보더라도 그것은 당연한 현상에 가까울 것이다. 이럴 경우 결국 돈, 재원의 문제로 넘어갈 수밖에 없다. 재정이 한정적인 저소득국가의 경우 과연 그 재원 중에 얼마만큼을 도로에 투입할 것인지는 늘 고민거리이다.

한강의 기적이라는 말은 새삼스럽지만

그나마 다행히도 인류의 도덕심은 조금이나마 괜찮은 편

인지 제2차 세계대전 이후 선진국들은 국적개발원조라 하는 ODA(Official Development Assistance)를 도입하여, 개발도상국의 경제개발과 복지 향상을 주목적으로 증여(grant)나 양허성 차관(concessional loan)을 통해 이 국가들을 지원해주고 있다. 당초 이러한 원조를 한 목적은 마셜플랜(Marshall Plan)과 같이 다소 국제정치적인 이유도 있기는 했지만 그래도 선의로 해석할 수 있다.

여기서 증여는 그야말로 상환 조건 없이 제공하는 것이고, 양허성 차관은 일종의 빚으로 보면 된다. 저리 및 장기로 돈이나 구조물을 빌려주는 것이다. 1950년경 학문적으로도 MIT의 경제학과 교수 로버트 솔로우(Robert Merton Solow)•의 근대적 경제 성장론이 등장해 큰 주목을 받았다. 이를 바탕으로 저개발국의 자본 투자에 대한 정당성도 어느 정도 논리적 기반이 마련되었다.

한국도 1945년대부터 1999년까지 선진국들로부터 ODA를 받았다. 그 ODA 총액(Total Net ODA: TNODA)은 약 77억 달러, 2010년 가격으로 환산하면 약 456억 달러이다.[18] (약 55조원 규모, 2020년 3월 기준 환율 적용) 한국이 원조 수여국에서 공여국으로 지위가 바뀐 시기는 1995년인데, 2000년이 되면서

• MIT 경제학과 교수이며, 경제성장모형의 기초가 되는 '솔로모형(Solow growth model)'을 만들어내 '경제 성장 이론에 기여한 공로'를 인정받아 1987년 노벨경제학상을 수상했다.

OECD 산하 개발원조위원회(DAC, Development Assistance Committee)의 수원국 리스트에서도 제외되었다.

수원국은 GNI 기준으로 선정된다. 이 기준으로 따진다면 현재 최빈국은 48개국이다. 최빈국 리스트는 아프가니스탄부터 다수의 아프리카 및 서남아시아, 태평양의 섬나라 등으로 구성되어 있다. 그다음은 기타 저소득국 4개국으로 북한 및 케냐 같은 나라가 있으며, 하위 중소득국 총 36개국으로는 볼리비아, 이집트, 인도 등 이제 슬슬 살 만한 나라 같은 곳들이 보인다. 마지막으로 상위 중소득국은 총 58개국으로 중국이나 브라질, 멕시코, 페루 등등이 존재한다.

그러니까 앞서 언급한 DAC 수원국 리스트의 총 146개국은 아직도 충분한 인프라가 조성되지 않아 우리가 생각하는 인간다운 삶을 누리기엔 조금 부족하다. 전술한 바와 같이 한국은 사회 인프라 관점에선 이미 좀 많이 살 만한 나라가 되었다는 것이다. 아울러 이 공여국의 문턱을 넘는 일에는 막대한 자금이 필요하고, 자금이 있다 하더라도 수십 년의 장기간 투자가 지속적으로 이루어져야 하며, 더욱이 국내외의 정치적 리스크라는 크나큰 불확실성을 넘어야 한다.

그런 측면에서 보자면, 한국과 같이 최빈 수여국에서 공여국으로 위치가 변경되는 것은 거의 불가능에 가까운 일이라는 것을 알 수 있다. 이쯤 되면 괜히 한강의 기적이라는 말이 나온 게 아니라는 사실을 인식할 수 있게 된다.

도로의 건설이 어느 나라의 숙원사업인 이유는

자, 이제 금액의 관점으로 넘어가 보자. 몇 년 전, 한국의 어느 건설회사가 카타르 수도 도하에서 수주한 고속도로의 경우 공사 구간이 8.5km인데, 공사 금액은 약 8천억 원이다. 단위 공사비로 따지면 1km 시공하는 데 940억 원가량이 들었다는 말이다. 이 고속도로는 도심지에 존재해서 고가도로 등 구조물이 상당히 많아 꽤 비싼 편이다.

현재 우여곡절이 많은 서울-세종 고속도로의 경우는 총 길이가 129km이며, 사업비가 6조 7천억 원이다. 이걸 단위 공사비로 환산해보자면 1km 시공하는 데 519억 원가량 든다는 계산이 나온다. 터널 및 교량의 존재로 인해 일관된 예측을 할 수는 없지만, 단위 공사비로 따지자면 적어도 이 고속도로 하나를 짓기 위해서 투입되어야 하는 금액은 조 단위의 천문학적인 수준임을 알 수 있다. 개발도상국의 대부분은 남한보다 훨씬 큰 면적을 보이는데, 이렇듯 큰 나라에서 도로를 100km, 1,000km씩 깐다는 것은 어찌 보면 거의 이루지 못할 숙원사업일 수도 있다.

단순히 따져서 100km의 고속도로를 까는 데 5조 원의 사업비가 든다고 가정해보자. 그럼 이를 달러로 환산하면 44억 불가량 되는데, 이게 국가 재정으로 감당할 수 있는 나라는 얼마나 될까. 참고로 CIA 세계 팩트북(World Factbook)을 기반으로 정부 예산(Government budget)을 살펴보면, 2016년 기준 한국의 예산은 3,043억 불이었다. 같은 자료 기준으로 52위인 베트남이 480억 불, 70위인 오만이 200억 불, 100위인 코트디부아르는 68억 불 수준이고, 130위인 몽골은 28억 불, 200위인 사모아는 2억 불이다. 이쯤 되면 고속도로 100km를 까는 것도 이들 나라에 있어서는 1년 국가 예산의 10%, 혹은 전부를 걸어도 하기 힘든 숙원사업인 것을 인지할 수 있다.

그 고속도로 100km 까는 게 뭐 중요하냐고 반문하는 분들이 계실지 모르겠다. 발전소의 예를 들어보자. 수력이든 화력이든 어떤 형태의 발전소도 터빈이 필요하며, 이 무거운 터빈을 옮기기 위해서는 튼튼한 도로가 필수적으로 구비되어야 한다. 교량에도 'DB24'나 'DB18' 등으로 견딜 수 있는 하중 등급을 나누며, 이 등급이 낮은 교량은 하중이 큰 구조물을 옮길 수 없다.• 따라서 전기를 공급하거나 상하수도 인프라를 깔기 위해서 선행되어야 하는 작업이 도로를 만드는 일이라 할 수 있다. 도로공사가 선행되지 않는다면 해당 국가 내에선 자원의 이동 역시 불가능하게 된다.

나는 예전에 한국을 방문한 개발도상국 공무원단에게 프리젠테이션을 한 적이 있다. 이들에게 터널을 설명하던 중 TBM(Tunnel Boring Machine)이라 하는 기계식 굴착과 NATM(New

---

• 교량 설계 시 가해질 수 있는 하중에 따른 등급은1등급(DB-24), 2등급(DB-18), 3등급(DB-13.5) 등으로 나뉘진다. 일반적으로 'DB-24'는 총중량 43.2T의 세미트레일러 하중을 견딜 수 있도록 설계된다.

Austrian Tunnelling Method)이라 하는 전통식 굴착 방법을 소개하는 대목이 있었다. 사실 이러한 건설 전문용어는 말로 풀어내기도 어려워 나는 그들에게 다음과 같이 설명했다.

"여러분 나라에 있는 다수의 터널은 그냥 NATM이라고 보면 되고요, 싱가포르나 코펜하겐 같은 선진 도시에서는 지금 대부분 터널을 TBM이라 하는 기계로 굴착을 합니다."

그런데 질의응답이 끝난 후, 어느 남미의 공무원이 나에게 와서 아래와 같이 말을 건네왔다.

"우리나라에서는 터널이라는 것 자체가 없습니다. 그래서 사실 두 번째 설명도 저는 잘 알아듣지 못하겠더군요. 부디 우리나라의 예산이 넉넉해져 귀사와 같은 회사가 우리나라에 와서 터널을 지을 날이 왔으면 좋겠습니다."

문득 너무나 '선진국적인' 마인드로 프리젠테이션을 했던 내가 부끄러워지던 순간이었다. 그 공무원의 나라는 그나마 앞서 언급한 국가 예산 기준으로 30위권에 있는 나라였다. 그 정도나 되니 그래도 공무원 연수를 우리나라와 같은 선진국으로 보내는 것이었다.

내가 장기 출장을 자주 갔던 남아프리카 공화국은 국가 예산 기준으로 37위에 해당하는데, 여태 도로 사장교와 같은 특수한 교량이 만들어지지 않았다고 한다. 남아프리카 공화국은 일인당 국민소득 기준으로 보자면 아프리카에 제일 잘사는 나라 축에 속하는데도 말이다.

터키 보스포러스 제3대교

이처럼 우리에겐 쉽게 얻어진 것으로 보이는 도로 인프라도 사실 어느 나라에선 국가의 숙원사업이 되기도 한다. 과거 내가 입찰을 했던 남아공의 음시카바 교량(Msikaba bridge)의 경우에도 580m짜리 사장교 하나를 놓으면 1시간이면 갈 수 있는 거리를 그 사장교 하나가 없어 5시간이나 돌아가야 했다. 그러므로 쿠팡이니 예스24니 하는 총알배송 시스템은 한국과 같은 인프라 강국이 아니라면 꿈도 꾸지 못할 것이 분명하다. 그러한 인프라가 제대로 갖추어지지 않는다면 도농 간의 격차도 크게 벌어질 수밖에 없다.

남아공에서 사장교 입찰을 준비할 때, 공동사업(Joint venture)으로 같이 근무하던 직원들에게 한국의 사장교를 보여주던 때가 기억난다. 나는 무심코 노트북을 열고 인터넷에 접속하여 인천대교, 서해대교, 거가대교, 진도대교와 같은 것들을 보여줬는데, 입을 떡하니 벌리며 탄성을 자아내던 그 남아공 직원들의 모습을 잊을 수가 없다. 앞서 말한 음시카바 교량은 결국 2년 전 포르투갈의 모타 엥길(Mota-Engil)이라는 건설회사에 낙찰되었는데, 아직 주탑 시공도 시작되지 않은 것으로 보인다. 그렇게 사장교 하나를 짓는 일도 어느 나라에는 국가적인 숙원사업인 것이다.

우리나라에서는 사실 경간 사이 길이가 1.5km에 이르는 이순신대교와 같은 구조물이 이제는 신기하지도 않고, 올림픽대교나 부산항대교, 완도대교, 마창대교와 같은 구조물들은 눈에 띄지조차 않는다. 이런 사장교 하나를 얻기 위해 고군분투하는 지구 반대편 남아공의 사례를 떠올릴 때면, 나는 새삼 국가의 탄생이 얼마나 어려운 것인지 생각할 수밖에 없다.

자연, 그리고
인공에 대하여

처음부터 사람이 살기 좋았던 자연은 존재하지 않았다. 있는 그대로의 자연은 생로병사가 하늘의 운명에 달려 있고, 신체적 능력에 따라 먹이사슬이 이루어져 있는 동식물에게는 훌륭한 삶의 터전일 수 있었을 것이다. 내가 남아공의 크루거에서 만난 동물의 무리들에게 그러했듯.

하지만 사람이 기본적인 의식주를 누리고, 자연재해로 인해 목숨을 잃지 않으며 비폭력적인 문명사회를 이루기 위해서는 자연에 어느 정도 인간의 물리적 노력이 더해져야 한다. 자연은 그때 비로소 우리가 살아갈 수 있는 장소가 되는 것이다.

자연은 아름답고 위대한 것이다. 그렇지만 자연을 지혜롭고 섬세하게 다뤄가는 인간의 노력은 자연만큼, 어쩌면 자연보다 더 숭고할지도 모른다. 나는 이 책의 2부에서 바로 그러한 인간의 노력이 얼마나 소중한지를 역설했다.

자연을 극복하기 위한 앞선 세대들의 분투

일본의 도쿄도(東京都)는 현재 1,400만 명가량의 인구가 살아가고 있는 세대 최대 규모의 도시권이다. 이곳은 알려진 바와 같이 16세기 말인 에도막부 시대부터 개발되었는데, 도쿠가와 이에야스(德川家康)에 의해 개발되기 전까지 도쿄는 사람이 얼마 살지 않던 시골 동네에 불과했다.

현재 관점에서 보자면 이 도시가 일본 열도 가운데에 있는 최적의 입지로 여겨진다. 허나 당시의 사람들에겐 전혀 그렇지 않았다. 토목 기술이 발달하지 않았던 과거엔 도쿄와 같은 강 하류는 집을 지어도 여름철 홍수가 쓸고 지나가면 남는 것이 없던 곳이었다. 50여 년 전 서울의 잠실이 그러했던 것처럼 말이다.

도쿄는 아라카와강 하류에 위치했지만, 지형이 너무 평탄해서 에도만 바닷물이 하구로 역류해 들어와 마실 물도 부족했다. 아무것도 없던 곳에 정착하여 도쿠가와 이에야스가 우선적으로 실시한 작업은 도라노몬 제방 축조였다. 지금은 도라노몬 힐스라는 52층 규모의 대규모 건물로 탈바꿈했지만, 500여 년 전 도라노몬 댐과 다마가와 상수는 에도시대 내내 백만 명이 넘는 시민들에게 깨끗한 물을 공급해줄 수 있었다.[19]

1898년 신주쿠에 요도바시 정수장이 건설되며 이 도라노몬 댐은 더 이상 필요하지 않게 되었고, 이 때문에 이 지역의 저수지 지역은 점차 메워졌다. 지금은 일본인들조차 그 흔적을 기억하는 사람들이 많지 않다.

어디 일본만 그랬을까. 물의 도시 베네치아를 만들기 위해 이탈리아 사람들은 이미 수백 년 전부터 기초 나무 말뚝을 박은 후 기초석을 세워 건물의 지반을 만들었고, 프랑스 역시 부르고뉴운하, 생마르탱운하 등을 만들어 자동차가 없던 시절 배를 통해 물자를 운송했다. 19세기 후반에는 전 지구적으로 콜레라를 피하기 위해 하수도가 건설되기 시작했는데, 오스트리아 비엔나의 대하수로, 일본 도쿄의 간다하수로 등이 그 대표적인 사례다.

이름부터 '낮은 땅'이라는 뜻인 네덜란드 왕국의 경우는 잘 알려진 바와 같이 국토의 약 25%가 해수면보다 낮다. 역설적으로 해수면보다 지대가 낮은 이 공간에 인구의 약 60%가 살고 있는 것이다. 이 해발 제로미터 지대가 발생한 원인은 풍차에 있다. 네덜란드인들은 제방을 쌓고 물을 밖으로 빼는 작업을 풍차를 통해 계속했기 때문이다.

본래 습지대였던 이 네덜란드의 제로미터 지대는 섬유가 오랜 시간 퇴적된 이탄층(泥炭層)•이었다. 이 때문에 공극(孔隙)•• 에서 물이 빠져나가기 시작하니 지반이 수축되어 침하가 된 것이다. 네덜란드에는 암스테르담, 로테르담, 잔담과 같이 '댐

• 부패와 분해가 완전히 되지 않은 식물의 유해가 진흙과 함께 늪이나 못의 물 밑에 퇴적한 지층.

•• 작은 구멍이나 빈틈.

(dam)'이라는 글자로 된 지명이 많은데, 이렇듯 제방(dam)을 쌓고 풍차를 통해 물을 빼내며 압밀을 시킨 제로미터 지대에 형성된 도시들의 이름이 저 글자를 간직하고 있는 것이다.

언제나 그랬듯, 인간은 답을 찾으리란 믿음으로

그래도 인간은 모두 자연의 자식들이며, 우리는 죽을 때까지 자연의 품을 예찬하고 그리워할 것이다. 나는 이렇게 말하고 싶다. 자연 그대로가 나쁘다는 것이 아니다. 그린벨트는 선배들이 물려준 더없는 자산이라 생각하고, 이는 가급적 앞으로도 지키는 편이 낫다고 생각한다.

다만 자연에 있어 인공 그 자체를 너무 죄악시할 필요는 없다는 말이다. 물은 가급적 흘러야겠지만, 필요하면 가둘 수도 있는 것이고, 유역을 변경할 필요도 있는 것이다. 가만히 두면 홍수로 범람하여 수천 명의 생명을 앗아갈 수도 있으니 고수부지나 안벽을 두어 강폭을 줄일 수도 있는 것이다.

앞서 언급한 도쿄도 그렇고, 베네치아나 비엔나, 파리, 암스테르담과 같은 도시도 마찬가지다. 이 도시들은 과거 산업혁명 시기에 환경적으로 문제가 많았을 수는 있지만, 현재 관점에서 보자면 인류가 가장 오랜 수명을 누릴 수 있는 지역들이다. 오히려 영아사망률의 관점에서 보자면 여전히 '자연 그대로인' 서남아시아나 아프리카가 위험하면 위험했지, 인공으로 인프라를 조성한 도시가 위험한 것은 아닌 것이다.

지구의 관점에 있어 인류가 끼친 해악은 분명히 존재했다. 하지만 나는 인류가 지구를 괴롭히는 변곡점을 지나고 있다고 생각한다. 물론 이는 변곡점의 턴어라운드(Turn around)이지, 완전한 변화는 아닐 것이다. 여전히 인류는 화석연료가 없으면 하루도 살아갈 수 없는 존재이며, 플라스틱 쓰레기는 오늘도 태평양 어느 한가운데 모여가고 있을 것이다. 다만 그러한 문제들 역시 신재생에너지의 발전과 쓰레기 재처리 기술의 향상을 통해 지속가능한 시스템으로 극복될 수 있다고 생각한다.

그런 관점에서 보자면 우리 앞에 놓인 과제는 여전히 많다. 부디 다 같이 힘을 모아 헤쳐나갈 수 있으면 한다. 너와 나의, 그리고 후세 사람들의 빛나는 미래를 위해서 말이다.

3부

도시란 우리에게 무엇인가

덕선이네 집은 어디 있는가

하늘에서 도시를 내려다본 적이 있는가. 앞에서 이야기한 바와 같이 나는 유년을 제주도에서 보냈기 때문에 육지로 가려면 비행기를 탔어야 했다. 어린 시절 비행기를 타면 가장 신기했던 것 중 하나가 하늘 위에서 내려다보이는 풍경이었다. 평소 엄청나게 커보이던 건물들이 부루마블의 호텔 미니어처처럼 보이고, 또 길 위의 거대한 트럭이 레고 트럭같이 보이던 게 너무 재미있게 느껴졌다.

기술이 발달한 현재는 굳이 비행기를 타고 보지 않아도 항공사진을 방구석에서 확인할 수 있다. 구글맵이나 네이버지도 같은 어플만 보더라도 우리는 쉽게 우리가 살고 있는 도시를 하늘에서 내려다볼 수 있다.

하늘에서 도시를 내려다보면 확실하게 볼 수 있는 것이 건폐율의 차이다. 건폐율은 대지면적에 대한 건축면적의 비율을 말하는데, 이는 국토의 계획 및 이용에 관한 법률이나 건축법 등에서 지역별로 규정되어 있다. 건폐율은 사실 직관적으로 이해하기 쉬운 개념이다. 대지면적이 100평인데 건축면적이 20평이라면 건폐율은 20%이다.

건축물을 제대로 이해하려면 용적률까지 이해를 해야 한다. 용적률은 대지면적에 대한 연면적의 비율을 말한다. 여기서 연면적은 건축물의 바닥면적이라고 볼 수 있다. 앞서 언급한 건폐율 20%짜리 집이 1층이라면 용적률도 20%이지만, 5층이 된다면 용적률은 100%가 된다. (20평×5층=100평)

과거 도시와 현재 도시의 차이를 한마디로 정의하라고 하면, 나는 건폐율과 용적률의 차이라고 한마디로 말할 수 있다. 기술이 발달하지 않았던 과거에는 높은 건폐율과 낮은 용적률 건물밖에 지을 수 없었다. 몇 년 전의 인기 드라마인 〈응답하라 1988〉의 덕선이네 집을 떠올리면 쉽게 이해된다. 어느 주거 지역에 단층 혹은 다세대주택이 빽빽하게 들어선 풍경이 그것이다.

이렇게 단독주택 중심으로 구성된 지역을 법으로는 제1종 전용주거지역으로 분류한다. 국토의 계획 및 이용에 관한 법률에 따른 이 지역의 건폐율은 50% 이하, 그리고 용적률은 50% 이상 100% 이하로 규정하고 있다. 반면 우리가 흔히 볼 수 있는 아파트들은 보통 제3종 일반주거지역에 위치한다. 이 지역은 건폐율은 똑같이 50% 이하지만 용적률을 200% 이상 300% 이하로 규정되고 있다. 한데 최근 지어지는 아파트 단지들을 보면 용적률은 300%를 가득 채운 299%와 같은 수준이며, 동시에 건폐율은 10%대로 상당히 낮은 것을 확인할 수 있다.

도시를 바라보는 핵심은 '용적률'과 '건폐율'이다

건폐율과 용적율의 개념을 명확히 알게 되면 아파트의 임장을 다닐 때도 피부로 확인할 수 있다. 낮은 건폐율의 아파트 단지는 정문을 들어서면서부터 느낌이 다르다. 탁 트이고 넓은 조경면적으로 인해 더 쾌적한 주거환경을 누릴 수 있게 되는 것이다.

백문(百聞)이 불여일견(不如一見)이라고, 다음의 항공사진을 한 번 보자.

이 사진은 동대문구 제기동역 인근의 어느 동네를 찍은 것이다. 왼쪽은 과거의 도시, 오른쪽은 현재의 도시라고 볼 수 있다. 오른쪽 아파트는 우리나라에서 가장 유명한 브랜드의 아파트인데, 2010년에 지어진 이 아파트의 용적률은 236%, 건폐율은 17%이다.

어떤가. 한눈에 보더라도 왼쪽보다는 오른쪽이 살기에 훨씬 편해보이지 않은가. 살기 편한 것은 둘째 치고 녹지면적 자체가 완전히 다르다. 왼쪽의 경우 녹지라고는 눈을 씻고 찾아봐도 나무 몇 그루 정도 겨우 발견할 수 있는데, 오른쪽은 건물을 이루는 곳을 제외하고는 모두 숲으로 조성되어 있음을 확

동대문구 래미안허브리츠 부근 일대

인할 수 있다.

어디 조경만 그러할까. 이 아파트는 총 844세대인데 지하 주차장에는 1,208대를 주차할 수 있다. 모르긴 몰라도 왼쪽 지역에 거주하는 분들은 늘 주차 때문에 밤낮으로 고생할 것이다. 새벽에 급하게 병원이라도 가려고 해도 앞뒤로 주차해 놓은 차들 때문에 쉽게 빠져나오기 어려울 것이다.

반면에 오른쪽 지역에 거주하는 분들은 전연 다른 삶의 질을 누리고 있을 것이다. 1990년대 아파트만 하더라도 세대당 주차 대수는 0.6대 내외였다. 이 아파트의 경우는 무려 1.4대나 된다. 지상공간은 물론 지하공간까지 효율적으로 사용하고 있으니 가능한 것이다. 거기다 내진 설계가 되어 있어 지진에 더 안전하고, 동 간 거리가 넓기 때문에 일조량도 더 높은 상태로 생활할 수 있다.

오른쪽도 벌써 11년 차 아파트이니, 이러한 장점도 과거의 것에 속한다고 할 수 있다. 최근 반포와 같은 곳에 지어지는 아파트들을 보면 더 혁신적인 것들을 확인할 수 있다. 예컨대 태양광 발전시스템을 적용해서 공용전기에 대한 관리비를 절감하기도 하고, 빗물재활용시스템을 통해 단지 내 조경용수로 활용하기도 한다. LED 조명의 적용은 에너지를 효율적으로 사용해서 관리비를 절감시킬 수 있게 만들고, 대기전력 차단 시스템, 실시간 에너지 모니터링 시스템, 단열 특화를 통해 '토탈 관리비 절감 시스템' 등을 구현하고 있다. 이러한 에너지 효율 공동주택이 많아지면 많아질수록 우리네 사는 도시는 더 친환경적으로 변모하게 될 것이다.

〈응답하라 1988〉의 추억은 아련하고 소중하지만

〈응답하라 1988〉은 서울 도봉구 쌍문동 봉황당 골목을 배경으로 연출되었다. 쌍문동은 여전히 개발되지 않은 곳이 많지만, 마포와 종로를 중심으로 강북 지역도 점차 재개발을 통해 주거 환경이 개선되고 있다. 1950년대부터 무허가 판자촌이 밀집해서 달동네로 불렸던 성북구 길음동은 현재 길음뉴타운으로 변모하여 거의 미니 신도시급 주거단지로 탈바꿈했다.

〈응답하라 1988〉의 마지막, 덕선이네는 판교로 이사를 떠난다. 당시 허허벌판이었던 판교의 현재 모습은 굳이 설명하지 않아도 알 수 있다. 개구리와 도룡뇽의 터전이었던 판교에선 지금 9만 명가량의 사람들이 쾌적한 삶을 누리고 있다. 만약 1988년 이후로 일산, 분당 등의 1기 신도시를 조성하지 않았다면, 그리고 판교와 동탄 등의 2기 신도시를 조성하지 않았다면 현재의 수도권은 어떤 모습을 하고 있을까. 아마 덕선이네처럼 아직도 빽빽한 집들의 반지하에서 살아가는 가정들이 많지 않았을까.

이는 통계적으로도 확인할 수 있다. 국토교통부 통계자료에 따른 1인당 주거면적은 전용면적을 기준으로 2000년 19.8㎡에서 2012년 31.7㎡로 큰 폭이 증가되었다.[1] 서울연구원 자료에 따르면 31.7㎡는 도쿄, 런던, 파리 수준의 평균 주거면적이라고 한다. 그만큼 우리나라는 지난 50년 동안 1인당 국민소득은 물론 주거면적 역시 질적으로 성장했다고 볼 수 있다.

도시의 개발, 그렇게 나쁘게만 볼 것은 아닌 것이다. 국토교통부가 주거실태조사를 한 지가 얼마 되지 않아 1988년의 1인당 주거면적을 확인할 수는 없지만, 단칸방에서 6남매가 살아가던 1970~1980년대의 우리나라 집 안 풍경을 생각해보면 굳이 수치를 확인하지 않아도 커다란 변화를 체감할 수 있다.

물론 〈응답하라 1988〉에서는 당시의 아련했던 추억들만 보여줬기 때문에 우리는 즐겁게 과거를 회상할 수 있었을 것이다. 하지만 나의 경우만 보더라도 연탄을 태우며 단칸방에서 네 가족이 모여 살던 시절은 그다지 돌아가고 싶지 않은 유년의 추억이다. 그때 단칸방 하나를 6평 정도로 가정하자면, 1인당 주거면적은 5㎡가 안 되었을 것이다. 그곳에 무슨 사생활이 있고 낭만이 있었겠는가.

비록 덕선이네 집은 이제 사라지고 없을지언정, 우리네 1인당 주거면적은 그 1988년에 비해 장족의 발전을 거두었고, 우리는 좀 더 쾌적하고 인간적인 오늘을 살아가고 있다. 그럼 다음 장부터는 우리네 도시의 다채로운 면모에 대해 조금 더 깊숙이 들여다보자.

아파트가 어때서

10여 년 전, 프랑스의 어느 지리학자가 쓴 『아파트 공화국』이란 책이 사회적 반향을 일으킨 적이 있었다. 저자는 책에서 한국에서 주택이 유행상품처럼 취급되는 것은 놀라운 일이며, 대단지 아파트는 서울을 오래 지속될 수 없는 하루살이 도시로 만들고 있다고 진단했다. 굳이 외국 지리학자의 견해를 빌리지 않더라도, 우리 중 상당수에게는 도시의 아파트나 빌라와 같은 구조물에 거주하면서도 거기에 불만족하는 경향이 있는 게 사실이다.

일반인들은 물론 한 도시의 시장과 같은 공인들도 공공연하게 우리나라 아파트는 '성냥갑'이라고 비하하고, 고층 아파트 때문에 도시 경관을 망쳤다고도 한다. 우리나라에 독특하게 형성되었다는 판상형 아파트* 또한 많은 비판을 받아 2000년 초반을 중심으로 타워형 주상복합이 많이 지어지기도 했다. 과연 우리네 아파트나 빌라는 정말 그렇게 폄하되어야 하는 대상일까.

낙후되고 소외된 '파리의 아파트'

프랑스에서 자란 저자가 그러한 생각을 하는 것이 아주 특이한 생각은 아니다. 프랑스에선 그랑앙상블(Grands Ensembles)로 대표되는 공공임대 사회주택(Habitation à Loyer Modéré, HLM)이 고층 아파트의 주를 이루기 때문이다. 이 고층 HLM의 경우 이민자들의 유입이 대부분을 차지해서 높은 빈곤율로 유명한데, 프랑스 대중문화 속에서도 힙합 아티스트들에 의해 자주 묘사되곤 한다.

낡은 건물들이 즐비한 피에르 모렐(Pierre Morel)의 영화 〈13구역〉의 장면들을 생각하면 어느 정도 가늠이 될 것이다. 1993년 철거된 후 깨끗한 주상복합 단지로 변모된 홍콩의 구룡성채••는 이제 볼 수 없지만, 파리에는 여전히 그런 풍경이 많이 존재한다.

이러한 사례를 단적으로 보여주는 단어가 주거계층분화(la ségrégation urbaine)이다. 국토연구원 신성해 책임연구원의 「프랑스의 주거계층분화와 공공정책에 관한 고찰」이란 리포트에 따르면, 제2차 세계대전 이후 프랑스 정부는 도시로 집중되는

• 복도식 아파트나 현관식 아파트와 같이 10세대, 15세대 정도가 일렬로 쭉 이어지도록 반듯하고 기다랗게 만든 아파트. 건축비가 적게 들고 정남향으로 단지 배치가 가능하다는 장점이 있다.

•• 홍콩 구룡반도에 존재했던 슬럼가. 영화 〈중경삼림〉에서 등장하는 '충킹맨션'과 같이 음습한 건물들이 오밀조밀 모여 있던 곳이다.

프랑스 마르세유 거리

인구 수요를 충족시키기 위해 도시 근교에 사회주택을 건설했다고 한다.[2] 이때 지어진 사회주택은 도심 기반시설과의 연계가 부족해 점차 저소득계층의 주민들로 대체되었는데, 이 저소득계층 주민들의 빈곤화 현상은 사회주택을 물리적으로 더욱 훼손시켰다. 낙후된 사회주택 문제는 주민들의 교육, 일자리 등과 관련하여 사회적 소외를 초래했으며 이러한 현상이 프랑스 주거계층분화의 상징이 되었다는 말이다.

사실 공공주택 관리 문제는 비단 프랑스만의 고민거리는 아니다. 지난 2017년 세상의 이목을 집중시킨 런던 그렌펠 타워 화재 참사(Grenfell Tower Fire) 역시 이러한 공공주택 관리 문제와 궤를 같이한다. 런던의 그렌펠 타워 역시 부유한 켄싱턴과 첼시 지역에 위치하지만 완공된 지 40년이 넘은 오래된 건물이자 구청 소유의 임대아파트였다. 때문에 건물 관리에는 한정된 시 예산이 투입되어야 했고, 리모델링을 하면서도 스프링클러(sprinkler)를 설치하지 않았다고 한다. 안타깝게도 이 아파트 역시 프랑스의 HLM과 같이 주로 이민자 위주의 저소득 서민층이 거주하는 것으로 알려졌다.

'콘크리트 벽 안의 삶'이 지닌 친환경성

이런 배경을 지닌 외국인의 눈에는 우리네 아파트도 그렇게 보였을 수 있다. 하지만 프랑스의 아파트와 한국의 아파트는 다르다. 프랑스나 영국의 아파트가 건물 한 동을 가리킨다면, 한국의 아파트는 단지 전체를 말한다. 그리고 최근 지어지는 아파트는 물론, 1기 신도시에 지어진 아파트 단지 대부분의 건폐율은 20%를 넘지 않는다. 100평 대지면적에 아파트를 짓는다면 건축물은 20평도 되지 않고, 나머지 면적은 녹지나 도로라는 말이다.

거기에 최근의 신축 단지에서는 지상에 도로조차 보기 어려운데, 지상은 모두 녹지로 활용하고 차량은 지하로 내려가 효율적인 공간 활용을 하고 있기 때문이다. 지상이 아닌 지하에 주차장이 있으니 넉넉한 주차공간을 형성할 수 있고, 주차 후 동선은 엘리베이터와 직결되니 비 오는 날에도 비를 맞지 않고 이동이 가능하다.

에너지 효율 관점에서 보더라도, 한국식 판상형 아파트 구조는 타워형이나 단독주택에 비해 월등한 장점을 보여준다. 상하좌우에 모두 이웃과 인접한 로열층의 경우에는 겨울에 굳이 난방을 많이 가동하지 않더라도 따뜻하게 지낼 수 있으며, 이는 이웃끼리 서로 열을 교환하는 시스템 덕분이다. 단열기준 역시 계속해서 상향되고 있기 때문에 최근의 신축 아파트는 과거에 지어진 아파트들에 비해 단열재 두께도 훨씬 두꺼워지고 있는 상황이다.

국토교통부에서 관리하는 건축물의 에너지절약설계기준에 따르면, 2001년 기준 중부지역 외기에 직접 면하는 거실의 외벽 기준 단열재 등급별 허용두께 중 최고치는 100mm였다.

하지만 현재 같은 기준의 허용두께 중 최고치는 325mm이다. 이것은 공동주택의 경우이고, 같은 기준 내에서 공동주택이 아닌 경우의 최고치는 285mm이다. 이것만 보더라도 아파트의 난방 효율이 일반주택에 비해 높은 편임을 알 수 있다. 사실 판상형 아파트가 시장에서 더 사랑받는 이유도, 보기에는 타워형이 더 멋있을지라도 거주자 입장에서는 판상형이 훨씬 살기 좋기 때문이다. 판상형은 단지 전체를 남향으로 배치할 수 있어 일조량과 채광, 통풍이 좋은 장점이 있다.

아파트의 장점은 여기서 그치지 않는다. 공동주택은 고압으로 유틸리티를 공급할 수 있으니 전기, 수도, 가스 요금을 절약할 수 있게 되고, 관리인을 따로 두더라도 가정경제에 별 부담이 없다. 그런가 하면 교통의 관점에서도 더 많은 사람이 대중교통을 이용해 1인당 온실가스 배출량을 낮출 수 있다. 하버드대학교 경제학과의 에드워드 글레이저(Edward Glaeser) 교수는 《뉴욕 타임즈》 칼럼을 통해 도시화가 부당한 오해를 받고 있다고 지적하며, 연구 결과 도시에 사는 사람들이 전원주택에 사는 사람들보다 더 적은 양의 탄소를 배출한다는 것을 설명한다.[3]

교통의 관점에서만 보더라도 뉴욕과 샌프란시스코 지역에서 도심에 살며 대중교통을 이용하는 가계는 교외에 거주하며 자동차를 사용하는 가계에 비해 연평균 2톤 이상의 탄소를 덜 배출한다. 여기에 전기 사용량, 주택 난방 등을 고려하면 약 7톤 차이까지 난다고 볼 수 있다. 글레이저 교수는 콘크리트 벽에 둘러싸여 사는 것이 나무에 둘러싸여 사는 것보다 훨씬 친환경적이란 주장을 펼친다. 재미있게도 이 칼럼에서는 여전히 헨리 데이비드 소로우의 숲속 생활을 동경하는 사람들이 많지만, 그 소로우가 숲속에서 수프를 만들다가 콩코드의 울창한 숲 300에이커를 태운 사실을 기억해야 한다는 역설을 이야기한다.

도시는 관상이 아닌 주거를 위한 공간이기에

그뿐인가. 우리나라는 공공주택이 아닌 민간주택 중심으로 아파트 단지가 형성되어 있다 보니, 노후화된 구조물은 국가나 지자체의 예산 없이 자발적인 재건축을 통해서 시설 안전을 도모할 수 있게 된다. 신규 주택 건설로 인해 발생하는 부가가치세, 신규 주택 분양으로 발생하는 취득세, 재건축 초과 이익 환수, 조합이 내는 부가가치세 및 지방세 등을 고려하면 오히려 재건축을 적극적으로 장려하는 게 공동체를 위해 더 풍부한 예산과 재원을 마련하는 방안이 될 수 있는 것이다.

여전히 부동산 가격 상승의 원인을 아파트에 돌리는 분들이 계시긴 하지만, 그런 논리라면 2005년 이래 부동산 가격이 2배 넘게 오른 호주나 캐나다에 관해선 설명할 방법이 없다. 댈러스 미국 연방준비은행(Federal Reserve Bank of Dallas)에서 꾸준히 업데이트하는 국제 주택가격 데이터베이스(International House Price Database)에서 확인할 수 있듯이, 아파트든 주택이든 부동산이라는 자산의 가격은 국가를 막론하고 일정한 등락이 있기 마련이다.

토지의 영구적인 사적 소유가 제한된 공산국가인 중국의 경우를 봐도, 2000년대 초반 ㎡당 4천 위안(약 69만 원)에 불과했던 주택가격이 현재 ㎡당 6만 위안(약 1천만 원) 이상으로 뛰어올랐다. 미국 캘리포니아주와 같은 지역의 부동산 가격은 1995년부터 2005년까지 약 3배가 올랐으며, 2007년 서브프라임 모기지로 큰 폭의 조정을 받은 후 다시 급격히 상승하고 있는 중이다.

이렇게 여러 가지 관점에서 따져봤을 때, 10여 년 전 프랑스 지리학자의 지적은 현재 유효하지 않은 것 같다. 우리나라의 아파트는 지속가능한 형태로 계속 진화하고 있으니 말이다. 반대로 노후화된 런던이나 파리의 구조물들은 계속되는 대형 화재 사고로 어려움을 겪고 있다.

물론 '아파트 공화국'의 문제의식 자체를 완전히 틀렸다고는 생각하지 않는다. 다만 선진국의 학자가 제기한 단편적인 지적을 무비판적으로 받아들일 필요는 없다는 것이다. 도시는 관상용이 아닌 주거용이다. 물론 앞으로도 그린벨트나 일부 문화재 지역은 보존해야겠지만, 기본적으로 인간과 자연이 지속가능하게 공존할 수 있도록 계속해서 개발하고 정비를 해야 할 것이다. 이쯤에서 나는 그 프랑스 지리학자에서 되묻고 싶다. 우리나라 아파트가 어때서.

서울의 출근길 단상

나는 대학에 입학했을 시점부터 꼬박 20년 넘게 인천과 경기도에서 서울로 출퇴근하고 있다. 지하철과 빨간 광역버스는 늘 나의 동반자였고, 그렇게 오랜 출퇴근 시간이 있었기에 책도 많이 읽을 수 있었다.

나는 학창 시절 독서를 그다지 즐기지 않았는데, 그 오랜 통근 시간이 있었기에 사회생활을 시작한 후 독서를 더 많이 즐긴 케이스다. 대학에 다니던 시절에는 지하철에서 공업수학 연습문제를 풀기도 하고 토익 리스닝을 공부하기도 했으니 그런 시간을 참 효율적으로도 썼다는 생각도 든다.

다만 오랜 기간 광역 출퇴근을 하며 아쉬운 부분도 있었다. 교통 인프라 문제가 바로 그것이다. 교통 인프라를 둘러싼 여러 난맥들은 분명 공학 기술의 발달, 그리고 예산의 투입으로 일정 부분 해결할 수 있는데 우리 사회는 생각보다 변화의 속도가 더디어서 늘 아쉽다.

특히나 신분당선과 같이 비교적 최근에 도입된 광역철도를 탈 때면, 이렇게 훌륭한 인프라가 왜 다른 지역에는 신설될 수 없을까 하는 아쉬움을 느끼게 된다. 최근 부동산 시장에 있어 신분당선 인근의 판교, 분당, 수지, 광교 등의 가치가 급격하게 상승하고 있는 것은 주지의 사실이다. 이는 무엇보다도 교통의 발달로 인해 강남권 접근성이 높아졌으니 가능한 게 아니었던가.

교통 인프라에 관해선 철저하게 시민들이 누릴 수 있는 생활의 질이란 관점에서 접근하는 게 맞을 것이다. 예컨대, 여기서는 경부고속도로 시점부 지하화 프로젝트와 같은 것들을 이야기해볼 수 있겠다. 이 프로젝트는 사실 서초구에서는 매우 오래전부터 논의되었고, 대한국토도시계획학회 등 전문기관에서 검토도 마친 지 꽤 오래되었다. 한남IC에서 양재IC까지 대략 6.4km 구간을 지하화하는 것이 그 계획의 골자이다. 이렇듯 서울과 같은 메트로폴리탄 시티에 지하도로를 구축하는 것은 시민에게 매우 커다란 효용을 가져다줄 수 있는 일이다.

서울에도 뉴욕의 센트럴파크 같은 공간이 확보된다면

교통 인프라는 우리의 생활을 생각보다 훨씬 더 전면적으로 변화시킬 수 있다. 자전거 문제를 생각해보자. 가끔 서울을 자전거 천국으로 만들겠다고 하시는 분들도 계시는데, 위에서 말한 지하도로를 만들 때 자전거도로를 같이 조성하면 수월하게 자전거도로 인프라도 구축할 수 있다. 새로운 도로를 만들 때 반 차선 더 만들어 자전거도로를 넣든지, 덮어진 상부 녹지에 자전거도로를 배치하면 그만이기 때문이다.

우리나라같이 여름에 덥고 겨울에 추운 나라에서 자전거로 출퇴근하려면 지하화 정도는 되어야 사계절 이용이 가능할 것이고, 양재에서 한남대교 구간을 적어도 15분 정도에는 주파해야 교통수단으로 실용성이 있을 것이다. 지하에 자전거도로가 있으면 또 좋은 점이 있다. 도로 기울기가 낮아 주행하기 쉽고 비가 오는 날에도 주행할 수 있다는 게 그것이다.

서울과 같이 해발고도 10m대의 한강과 836m에 이르는 북한산이 공존하는 도시에서 자전거를 타고 출퇴근하기란 그리 쉬운 일이 아니다. 양재천이나 탄천과 같이 고도차가 크지 않은 곳에서 자전거도로가 잘 조성되어 있으면 모르겠으나, 버티고개, 미아리고개, 자하문고개 등이 산재한 서울에서 자전거를 무리 없이 타기란 수월치 않다.

자전거도 자전거이지만, 경부고속도로 시점부를 지하화했을 때 가장 좋은 점은 상층부가 모두 녹지로 변하게 된다는 점이다. 서울 한복판에 뉴욕시의 센트럴파크 정도가 통째로 생기게 되는 풍경을 생각해보자. 연남동이 과거 철길의 후미진 지역에서 공항철도 및 경의선 지하화 이후 핫플레이스로 떠오른 바와 같이, 새롭고 트렌디하게 구비된 환경친화적 공간은 사람들이 많이 찾는 공간이 될 수도 있는 것이다.

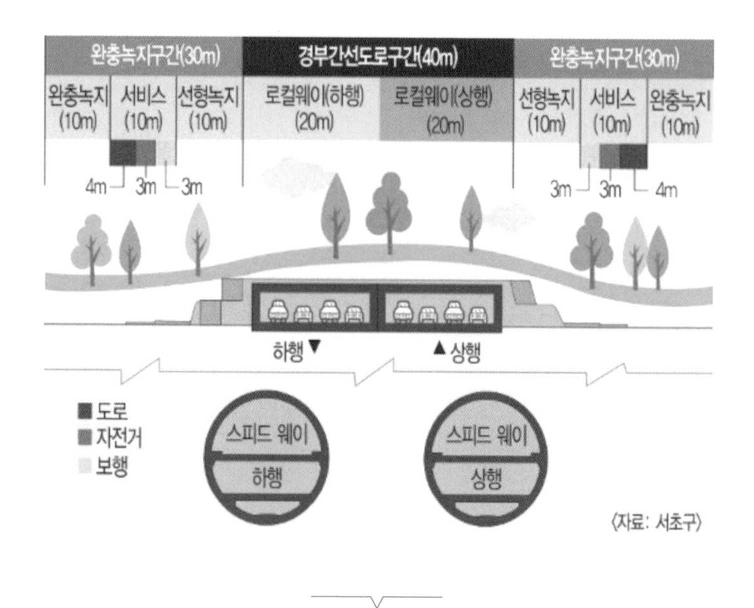

경부고속도로 시점부 지하화 프로젝트 단면도

이 책의 1부에서도 강조했지만, 오래전 홍대 입구의 철길에서 돼지껍데기를 구워 먹던 시절을 생각하면 현재의 연트럴파크는 어디 생각이나 할 수 있었겠는가. 현재 연남동 숲길의 지하에는 경의선이 존재하고 그 밑에는 공항철도도 존재하며 광역 교통의 기능을 충실히 수행하고 있다.

나는 거기서 조금 더 나아가 한남대교를 하저터널로 바꾸자는 제안도 해본다. 그러면 남산1호터널까지는 지하로 쭉 뽑을 수 있을 텐데, 그 덕분에 조성된 새 땅은 오스트레일리아 브리즈번의 스트리트 비치(Street beach)*와 같은 용도로 활용할 수 있을 것이다. 이는 서울의 관광명소가 될 가능성도 크며 미세먼지 저감에도 혁혁한 기여를 하게 될 것이다.

내친김에 반포의 재건축 아파트 층고(層高) 제한을 없애고 홍콩의 구룡반도(九龍半島)처럼 용적률을 600~700%로 만들어보자. 그리고 남은 땅은 공원으로 조성하고, 나무를 빽빽하게 심어 여름에도 그늘에서 자전거를 타거나 편히 걸을 수 있게 만들어보는 건 어떨까. 그러니까, 지금 서울의 도로 및 주택면적의 절반을 녹지로 만들어버리겠다고 목표를 세워보자는 말이다.

물론 재건축 용적률 상향으로 조합원들은 수익이 더 많이 발생할 터인데, 여기서 발생한 재건축 초과 이익은 그대로 다른 지역에 청년임대주택단지를 조성하는 비용으로 사용하면 어떨까 싶다. 소득분위 1~5분위 가정 청년들에게 우선입주권을 제공하는 방안을 함께 활용한다면 금상첨화일 것이다.

'Z축'이 가미된 입체도시를 꿈꾸며

이렇게 지하와 지상의 입체도시를 만들면 환경과 주거 복지를 동시에 잡을 수도 있을 것이다. 새로이 확보된 상부 공간을 상업시설로 조성하여 임대하면 유지·보수 비용도 충당되어 지속가능한 시설이 될 수 있을 것이고, 혹시 추가 재원이 발생

• 오스트레일리아 브리즈번 사우스뱅크 지역에 위치한 인공 해수욕장. 대중에게 무료로 개방되어 있으며, 영화 관람, 바비큐 파티 등 다양한 액티비티를 도심 속에서 즐길 수 있는 장소이다. (참조: Visit Brisbane, 'Brisbane city council')

한다면 지하철과 같은 대중교통 인프라도 더 늘릴 수 있을 것이다. 물론 이는 어디까지나 상상의 영역이고, 실제 정책의 영역으로 가자면 더 충분한 논의가 오고 가야 할 것이다.

허나 도시계획의 방향만 확고히 정해진다면, 우리는 더 시민의 복지를 위해서 더욱 적극적인 상상력을 발휘할 수 있을 것이다. 다음 장에서도 살펴보겠지만, 대중교통 인프라가 조금 더 잘 갖춰지면 싱가포르처럼 차량취득권리증(COE, Certification of Entitlement) 제도나 혼잡통행료(ERP, Electronic Road Pricing) 같은 것을 마련하는 일도 필요할 것이다. 그리고 이렇게 조성된 재원으로는 지하철을 20호선까지 만드는 인프라를 추진하면 어떨까.

안 그래도 우리나라는 여름에 무척이나 덥고 겨울에는 그만큼 무척이나 추운데, 서울 정도 되는 메트로폴리탄 시티의 주거공간은 어느 지하철역에서든 대략 도보 5분 내로 접근이 가능해야 하지 않을까 싶다. 싱가포르의 경우에는 '인도 위의 지붕(Roof of sheltered walkway)'을 설치하여 걷는 사람들이 날씨에 상관없이 편하게 걷게 해주는데, 우리네 도시도 그 정도 인프라 건설은 생각해봐야 하는 건 아닐까.

나는 생각한다. 자전거와 지하철이 공존하고, 자전거도로와 함께 녹지가 확보되는 공간. 이러한 것들이 모두 가능하려면 입체도시 서울 외에는 답이 없다. 서울이 X와 Y축의 한계에서 벗어나 Z축이라는 수직적, 입체적 개념을 더욱 적극적으로 도입할 수 있기를 바란다. 부디 수평적인 사고방식에서 수직을 가미한 기하학적 시각이 많은 사람들에게 전달될 수 있었으면 한다.

비가 추적추적 내리는 날에 찝찝한 만원 지하철에서 몸을 부대끼고 있으면, 이러한 인프라의 개선이 얼마나 필요한지 몸소 체감이 된다. 무턱대고 대중교통을 이용하라고 권장하거나, 도심 내 차량 진입을 제한하거나, 자전거 타기를 예찬하는 등의 방식은 과거의 구시대적인 캠페인이라 생각한다. 그런 방식으로는 출퇴근 문제를 궁극적으로 해결할 수 없다. 진보된 과학기술을 통해 사람들의 더 나은 출퇴근길을 만들어나간다는 인프라적인 접근이 필요하다. 그것이 바로 우리 삶을 바꾸는 조용한 혁명일 것이다.

남들이 걷는 도시,
내가 살고 싶은 도시

얼마 전 세종시에 사는 가족의 집에 며칠 머물렀다. 그 집은 만들어진 지 몇 년 되지 않은 브랜드 아파트였는데, 주차하면서 단지 내의 그 많은 평행주차를 보고 놀란 기억이 난다. 겉은 매끈한데 속은 오래된 아파트에서나 볼 수 있는 주차 대란이었다. 주차장을 돌고 돌다, 결국 나도 기어를 중립으로 한 후 평행주차를 하고 집에 올라갈 수 있었다. 다음 날 가보니 내 차의 위치는 이리저리 옮겨져 있었다.

해당 아파트의 가구당 주차 대수는 1.25대였다. 1기 신도시 소형 평수 아파트 단지의 가구당 주차 대수는 보통 0.4대 정도인데, 1.25대면 수도권에서는 충분히 여유 있는 수준의 주차 대수이다. 그런데도 어째서 그와 같은 주차 대란이 발생하고 있던 것일까.

들어보니 세종시는 아직 대중교통이 잘 발달하지 않아 많은 가구가 자가 차량을 두 대 정도는 가지고 산다고 했다. 혹

세종시 정부 종합청사

시나 하고 좀 더 찾아봤다. 현재 1인당 자동차 등록 대수는 서울시가 0.32대, 세종시는 0.52대이다. 통계적으로도 세종시 주민들이 서울시 주민들에 비해 63%가량 차를 더 많이 소유하고 있는 것이다.[4]

세종시는 시작부터 보행친화도시로 만들었다. 이는 정부세종청사의 건축 특징만 봐도 잘 알 수 있다. 세종청사는 고층건물로 집약되지 않고 넓게 죽 늘어진 수평적 형태로 배치되었기 때문이다. 이러한 형태는 본래 원활한 소통을 위해 계획되었다고는 하지만, 부처 간 이동을 보행 기준 왕복 한 시간이나 걸어서 한다는 것은 상당한 시간 낭비일 수 있다.

정부서울청사나 정부대전청사와 같이 고층건물이 집약적으로 모여 있으면 엘리베이터로 몇 분 안에 효율적인 이동을 할 수 있게 되는 것과 배치되는 지점이다. 이러한 측면 때문에 최근 세종3청사 건설 설계공모전 논란이 벌어진 바 있으며, 결국 이 공모전에서도 효율성을 중시한 고층건물이 당선되었다.

싱가포르의 디테일한 정책적 고민들

보행친화도시, 겉보기에는 말하는 이도 듣는 이에게도 좋은 말이다. 하지만 이는 여름이 선선하고 겨울에 온난한 서안해양성기후의 북서유럽이나, 온대하우기후 중 남아메리카 고산도시에서나 가능한 것에 가깝다. 우리나라처럼 여름에 덥고 겨울에 눈이 많이 내리는 곳에서는 적용하기 쉽지 않다.

열대기후 속에서도 자동차가 아닌 도보 이동에 친화적인 도시를 만들어나가려는 사례는 존재한다. 자동차 증가율 0% 정책을 펴고 있는 싱가포르가 그렇다. 싱가포르는 보행친화도시를 위해 버스 및 지하철 등 대중교통 중심 정책과 동시에 강력한 차량억제 정책을 펼치고 있다.

싱가포르 육상교통청(LTA, Land Transport Authority)이 작성한 '국토교통마스터플랜 2040'에 따르면, 10분 거리 내 지하철역 접근 가능 가구 비율은 2012년 57%였는데 이를 2030년까지 80%로 끌어올리는 정책을 펼치고 있는 중이다.[5] 물론 이러한 정책은 철도 네트워크의 확장을 통해 가능한 것일 텐데, 싱가포르는 2013년 182km였던 철도 네트워크를 5년 만에 229km까지 확장했고, 2030년까지 기존의 거의 2배인 360km까지 확장한다고 한다.•

싱가포르의 교통정책을 보다 보면 흥미로운 부분 중의 하나가 지붕 연결보도(Covered Linkways)다. 이는 지하철역으로부터 반경 400미터, 경전철역으로부터 반경 200미터 이내의 학교, 병원, 생활 편의시설까지 이동할 땐 비나 햇빛을 맞지 않도록 도보에 지붕을 설치하는 것이다.

• 추가 건설 중인 신설 라인은 'Thomson-East Coast Line', 'Jurong Region Line, Cross Island Line', 'Extensions to the North East Line', 'Downtown Line', 'Closing of the Circle Line loop'이다.

어찌 보면 최근 우리나라에서도 많이 설치된 여름철 횡단 보도 그늘막을 보도 전체에 설치한 개념이라고 볼 수 있다. 고온다습한 기후인 싱가포르에서 이러한 장치가 없으면 걸어서 대중교통을 이용하기 어렵기 때문에 고안된 새로운 장치인 것이다.

이러한 장치의 도입 덕택에 사람들은 자전거나 유모차 등을 끌고도 쉽게 대중교통으로 접근이 가능할 수 있었고, 이는 현재 싱가포르 국민들에게 꽤 사랑받는 구조물이라 한다. 덕분에 이번 '국토교통마스터플랜 2040'에서도 싱가포르는 2040년까지 추가 150km의 지붕 연결도로를 만들겠다는 계획을 세웠다. 싱가포르의 총면적은 721.5km²이다. 서울이 605.2km²이고, 세종시가 465.2km²임을 감안하면, 싱가포르의 대중교통 활성화 정책은 우리나라 도시에서도 적극적으로 검토되고 시행될 수 있을 것이다.

반쪽짜리 보행친화도시에 머물지 않기 위해선

물론 보행친화도시의 장점도 존재한다. 도로교통공단의 교통사고분석시스템(TAAS)에 따르면, 교통사고 발생 건수가 전국에서 가장 낮은 도시는 세종시였다.[6] 이 자료에 따르면 2018년 세종시의 10만 명당 교통사고 발생 건수는 261.9건인데, 이는 전국 평균인 420.8건의 절반이 조금 넘는 수준이다. 10만 명당 교통사고 사망자 수 역시 세종시는 6.6명으로 전국 평균인 7.3명에 비해 낮은 편이다.

이는 지그재그 차선, 횡단보도 집중 조명 등 신도시의 교통 정온화• 인프라 시설의 요인도 있을 것이고, 속도저감 정책 등의 제한 정책도 기여를 했을 수 있다. 이런 측면에서 보면 분명 보행친화라는 목표에는 긍정적인 측면이 존재한다. 다만 보행친화도시는 지하철이나 경전철 등 대중교통 인프라가 제대로 갖추어지지 않는다면 반쪽짜리에 머무를 수밖에 없다는 말을 해두고 싶다.

나는 덴마크의 수도인 코펜하겐에서 몇 달간 머물며 인프라 공사 입찰을 준비한 적이 있었다. 새벽 시간에 도착해서 공항에서 택시를 타고 호텔 앞에 내렸는데, 잠시 택시에서 캐리어를 자전거도로 위에 놓으려는 순간 깜짝 놀라던 택시 기사님의 표정을 잊을 수가 없다. 덴마크에서 자전거도로는 정말 '도로'라서, 캐리어 같은 것을 놓으면 큰일 난다고 어서 빨리 치우라고 하던 게 인상적이었다. 짐을 정리하고 아침에 나와 보니, 과연 덴마크의 자전거도로는 시속 20~30km로 씽씽 달리는 자전거들로 가득해 일반 도로와 비슷한 풍경을 보여주고 있었다.

몇 년 전, 국내 언론을 통해 자전거로 출퇴근하는 덴마크 국회의원이 화제가 된 적이 있었다. 나도 출장 기간 내내 덴마

• 주민, 보행자, 자전거 이용자의 안전하고 쾌적한 주거 환경, 또는 교통 환경을 보장하고자 자동차 운행 속도를 느리게 규제하는 일.

크의 자전거도로 시스템이 왜 이렇게 잘되어 있는지 궁금했다. 그런데 고민을 거듭할수록 입법하는 분들이 실제로 자전거를 타고 다니니 당연한 결과가 아닌가란 생각이 들었다. 자동차 등록세율이 최대 150%에 달하는[7] 덴마크에서는 자전거가 보편적인 대중교통 수단이었고, 파티를 갈 때도 가족이 이동할 때도 다들 자전거를 타고 다녔다.

국내에서도 화제가 된 덴마크 국회의원 역시 자전거로 출퇴근을 했을 것이고, 그러다 보니 자전거도로를 가장 최적화될 수 있게 구축할 수 있었을 것이다. 그들이 자전거를 직접 타고 다니며 어렵고 힘든 문제를 해결하고 최적의 시스템을 고안해나갈 것이기 때문이다. 문득 보행친화도시를 주창하는 지자체장이나 의원들은 출퇴근을 무엇으로 하는지 궁금해졌다. 관용차로 출퇴근하면서 그런 주장을 하신다면 다소 어불성설이지 않을까.

걷기 좋은 도시를 마다할 사람은 없겠지만

OECD 패밀리 데이터베이스(Family Database)에 따르면, 한국의 출퇴근 시간은 다른 나라를 압도함을 알 수 있다.[8] 2014년 기준 15세~64세 우리나라 성인 출퇴근 시간 평균은 58분인 데 반해, OECD 평균은 28분, 미국과 스웨덴은 각각 21분, 18분이었다. 물론 58분은 평균의 영역이라 그나마 양호했던 수치다. 경기도 직장인 대상 설문조사 결과를 보면 하루 출퇴근 평균 시간은 무려 134분이다.[9] 하루 24시간 중 자는 시간을 제외하면 10% 이상의 시간을 거리 위에서 소비하고 있다는 말이다.

앞서도 얘기했지만 나 역시 매일 경기도 직장인 평균 수준의 출퇴근 시간을 보내고 있는데, 이 때문에 직주 근접이 가능한 서울의 부동산을 자주 들여다볼 수밖에 없는 게 현실이다. 물론 강남이나 종로, 여의도와 같은 비즈니스 구역 직주 근접이 제일 좋겠지만 일반인의 소득으로는 범접하기 어려운 수준의 주택 가격에 한숨이 내어진다. 부동산 가격의 지역별 격차를 해소하는 일 역시 교통 인프라가 확충되어야 해결 가능한 문제일 것이다.

나는 도시계획적인 측면에서 세종시를 높게 평가한다. 세종시 호수공원 같은 곳을 가보면 1990년대에 만들어진 1기 신도시나, 2000년대에 만들어진 송도 신도시와는 또 다른 진화된 매력을 느낄 수 있다. 하지만 교통의 관점으로 가자면 아직 아쉬운 점들이 많다. 물론 지속적으로 개선될 것으로 보이지만, 종종 도심지 2차선 도로나 지하차도와 같이 중·장기적으로 개선되기 어려운 부분도 보여 안타깝기도 하다.

보행친화도시도 좋다. 쾌적한 바람을 맞으며 느릿느릿 걸어서 생활할 수 있는 도시를 마다할 사람은 어디에도 없다. 다만 걸어서 직장생활을 하기에 충분한 대중교통 인프라를 먼저 구축해 놓은 다음 시민들을 설득하고 추진하는 도시가 진정한 보행친화도시일 것이다. 부디 남들 보고 걸으라는 도시가 아니라, 내가 살고 싶은 도시를 만들었으면 한다.

주택보급률 100% 시대, 공급은 이제 필요 없을까

어린 시절, 새 신을 산 날은 누구든 날아갈 것 같은 순간이었을 것이다. 나도 어린 시절에 새 신을 샀던 날이면 아까워서 차마 신지도 못하고 밤새 품에 꼭 안고 잠을 청했던 기억이 있다. "새 신을 신고 뛰어 보자 팔짝, 머리가 하늘까지 닿겠네." 그래서 새 신을 사면 기쁜 마음에 다들 이런 동요를 흥얼거리곤 했다.

그렇게 새 신발 하나에 밤잠을 못 이루던 아이들은 이제 어른이 돼 주거지를 선택해야 하는데, 이때도 '새 집'에 대한 선호는 과거 '새 신'에 대한 선호와 크게 다르지 않다. 최근 주택 거래의 사례들을 보면, 사람들은 같은 지역, 같은 면적의 주택이라 하더라도 신규 주택이라면 50% 이상 비용을 지급하고서라도 기꺼이 취득한다. 이른바 새 아파트 선호 현상이다. 이러한 새 집 선호 현상은 점점 더 강화되는 추세다. 전·월세 시장으로 가면 새 아파트 선호 현상은 더 뚜렷해진다.

이런 가운데 2019년 11월 서울시의회에서 시장은 "서울시 주택보급률이 이미 100%를 넘어 공급이 능사는 아니다"라고 언급했다. 비단 서울시장뿐만 아니라 많은 분들은 주택보급률 100%라는 숫자에 매몰되어 공급은 더 이상 필요 없다는 생각을 한다. 이러한 현실 인식에 대해 과연 오래된 주택에 거주하는 분들도 생각의 궤를 같이하고 있을지 의문이다.

아무리 주택보급률이 100%를 넘겼다 하더라도 약 360만 호에 이르는 서울의 주택에 대한 선호는 각기 다 다르다. 연식은 물론 입지에 따라서도 선호의 차이는 크다. 같은 서울 같은 면적의 아파트라 하더라도 실거래가 차이는 최대 10배까지 발생하고 있는 것이다.

민간택지 분양가 상한제를 시행한다지만, 건설 엔지니어 관점에서 보자면 장기적으로 신규 주택의 가격은 점진적으로 오를 수밖에 없어 보인다. 신규 주택의 분양가격은 대지비와 건축비로 구분된다. 여기서 대지는 영구적이라 가치가 줄어들지 않고, 건축비를 구성하는 생산요소는 물가 상승에 따라 점차 상승하기 때문이다.

예컨대 생산요소 중 노동의 관점에서만 보자면 최저임금은 지난 10년간 88%가량 상승했고,[10] 건설노임단가 중 보통 인부의 임금 역시 82%가량 상승했다.[11] 한국은행의 물가안정 목표가 연간 2.0%인데,[12] 다른 생산요소인 자재나 경비 역시 매년 이에 따르는 물가 상승을 하게 된다.

결국 주택의 건축비라 하는 것도 세부적으로 쪼개서 보면 재료비, 노무비, 경비로 구분될 수 있으며, 이 세 요소는 중·장기적으로 인플레이션에 의해 오를 수밖에 없다는 말이다. 10년 전 시멘트 및 모래 가격, 건설노동자들의 급여, 레미콘 및 덤프트럭의 가격이 현재와 다른 것처럼, 그것들로 이루어진 건축비 역시 시간이 지날수록 높아질 수밖에 없다.

샌프란시스코의 집값 폭등이 말해주고 있는 것

이러한 현상은 비단 우리나라만의 현상은 아니다. 미국 연방준비은행의 자료에 따르면, 샌프란시스코의 주택 가격은 지난 10여 년간 두 배 이상 올랐다.[13] 사실 공급이 부족하고 수요가 많아지면 그 가격은 세상 어디에서나 예외없이 오르기 마련이다.

언젠가 나는 외국에서 조니워커 블루라벨 킹조지 5세라 하는 술을 마셔본 적이 있다. 식당에서는 백만 원이 넘는 가격의 이 술을 면세점에서는 훨씬 저렴하게 구입할 수 있었던 것이다. 어쨌든 이 술에 관해 찾아보니 1934년 조니워커가 영국 국왕 조지 5세에게 왕실에 위스키를 공급할 수 있는 왕실 인증서를 받은 것을 기념하여 빚기 시작한 술이라고 했다. 한데 막상 마셔보니 이게 그냥 조니워커 블루와 무슨 차이인지 거의 구분하지 못했다.

와인의 세계도 그러하지만, 사실 이렇게 비싼 술들은 몇십만 원 혹은 몇만 원짜리 술보다 몇십 배 혹은 몇백 배 맛있다라기보다는 그 희소성 때문에 가치가 더 오른다고 봐야 맞는다고 본다. 예컨대 그 비싸다는 도멘 르로이 리쉬부르(Domaine Leroy Richebourg)와 같은 와인은 1년 생산량이 1,000병도 되지 않는다. 다른 엄청나게 비싼 와인들의 공통점 역시 1년 생산량이 그리 많지 않다는 것이다. 물론 내가 둔한 혀를 가져서 그 가치를 잘 모르겠지만, 만약 이러한 와인들이 이마트의 도스 코파스(Dos Copas)처럼 엄청난 물량으로 쏟아져나온다면 그 가격은 유지될 수 없을 것이다.

작년에 샌프란시스코의 집값이 10여 년간 왜 이렇게 올랐느냐는 것에 대한《월스트리트 저널》의 분석을 본 적이 있다.[14] 분석에 따르면 여기도 지난 10년간 공급이 부족했고, 통근 거리에 있는 실리콘밸리의 훌륭한 IT기업들이 확장됨에 따라 근로자 소득도 올라갔다고 한다. 캘리포니아만 매월 2만 9천 개의 일자리가 지난 10년간 늘어났으며 그 결과 약 3백만 개의 일자리가 새로 생겼던 것이다.

샌프란시스코를 중심으로 하는 광역도시권인 베이 에어리어(Bay area) 역시 최근 중위 주택 가격이 백만 불을 넘어간다고 이슈가 되고 있는데, 우리나라나 미국이나 그 백만 불이 상징하는 충격은 큰 것으로 여겨진다. 과거 최고 부의 상징이었던 백만장자(Millionaire)라는 단어 때문일 것이다. 더욱이 캘리포니아의 건축법 기준은 미국 내에서도 높은 편이고, 재료비와 노무비 등의 경비가 다 비싸서 신규 주택의 건축비도 계속해서 올라가고 있다. 거기다 아파트같이 용적률이 높은 주택이 조성될 만한 환경이 갖추어지지 않았는데 그러다 보니 공급은 제한될 수밖에 없다.

마지막으로 흥미로운 내용이 재산세 부분이었다. 이 동네는 1970년대부터 재산세가 높은 수준에 있고, 집을 비우거나 영업을 하지 않는 건물에도 재산세를 매겼다고 한다. 그렇다면 주택 가격이 떨어져야 정상이지만, 이런 정책이 지속되다 보니 매년 부과되는 재산세를 걱정하여 사람들이 신규 주택을 짓지 않아 공급이 축소되고 결국 남아 있는 주택 가격은 더 올랐다고 한다. 이 모든 것들은 결국 수요 공급의 문제인 것이다.

주택 공급에 관한 고민을 멈추지 말아야

상기《월스트리트 저널》의 분석이 물론 100% 정확한 것이라 볼 수는 없겠지만, 여러 가지 측면에서 우리에게 시사하는 점이 많이 있다고 생각한다. 그리고 샌프란시스코 주택 가격의 예를 보더라도, 주택 가격의 상승은 비단 서울이나 우리나라만의 국지적 문제는 아니고 전 세계적인 현상일 수 있음을 알 수 있다. 건축 기준이나 재산세와 같은 것을 조정하는 것도 기존에 잡혀 있던 질서를 어그러뜨려 다른 어딘가에서 또 이상한 현상이 발생할지 모르므로 최대한 조심스러운 일이어야 할 것이다.

최근 미국에도 샌프란시스코의 집값이 폭락할 것이라고 분석하는 분들이 등장하고 있다. 실제로 꽤 많은 기업들이 높은 주택 가격을 견디지 못하고 교외로 나오기도 하고, 장기화된 코로나로 인해 실직 가정들이 집을 매각하는 경우도 많다. 앞으로 샌프란시스코의 주택 가격이 폭락할지 계속 올라갈지는 모르는 일이다. 다만 공급이 제한된다면 언젠가 같은 현상은 똑같이 반복될 수도 있을 것이다.

내구연한이 유한한 구조물에 있어 재개발과 재건축이 민간에 의해 자발적으로 이루어진다는 것은 꽤나 바람직한 일이다. 2018년 기준 통계청에서 발표한 우리나라 전체 주택의 시가총액은 4,709조 원에 이르는데,[15] 연간 500조 원 안팎의 예산을 운용하는 정부에서 이를 스스로 개선하기는 매우 어려운 일이다. 노후 주택은 국민의 안전을 위협하는 일이고, 구조적인 문제를 차치하고서라도 과거 시방 기준이 낮았을 때 건설된 건물의 내·외장재 등에서 발생하는 방재 문제도 해결하긴 쉽지 않다.

앞서도 말했지만, 민간에 의한 재개발은 공동체를 위해 많은 예산이 조성되는 측면도 존재한다. 재개발 재건축 사업 조합원은 양도소득세와 종합소득세를 내야 하며, 조합은 법인세와 부가가치세를 내고, 조합과 조합원 모두는 지방세도 납부해야 한다. 시공사가 신규 주택을 짓는다면 그만큼의 부가가치세를 낼 것이며, 신규 주택 수분양자는 또 취득세를 납부해야 하는 것이다. 이 과정에서 발생한 세금들은 다시 국가와 지자체로 흘러들어가게 되고, 이를 통해 조성된 예산으로 사회 취약계층을 지원한다면 개발의 선순환이 이루어질 수 있게 된다.

결론적으로 말한다면, 자연적으로 오르는 신규 주택 건축비와 공급 부족에 따른 신규 주택 희소 프리미엄 증대가 겹쳐 부동산 시장의 양극화를 더욱 부채질하고 있는 것은 아닐까 한다. 재개발이라 할지라도 멸실 주택을 고려한 순증 주택 수는 그리 크지 않다. 예를 들어 2020년 재건축 시공자를 선정한 반포3주구 재건축 사업의 경우, 기존 1,490가구 아파트를 허물고 2,091가구와 부대 복리시설을 짓는 공사이다. 서울에 새로운 2,000가구 신규 아파트가 공급된 것으로 보이지만, 기존 멸실 주택의 수를 고려하자면 실질적으로 늘어난 가구 수는 600가구에 불과하다는 말이다.

다만 재개발을 한다면 사람들이 선호하는 신규 주택의 공급은 늘어나 중·장기적으로 시장의 안정은 도모될 수 있을 것이다. 앞서 언급한 반포3주구 재건축 사업의 사례로 보자면 1973년에 대한주택공사에 의해 만들어진 그 낡은 아파트를 선호하는 수요와, 2024년에 완공될 최첨단 프레스티지 바이 래미안을 선호하는 수요는 판이하게 다를 것이기 때문이다.

두꺼비에게 헌 집을 줄 테니 새 집을 달라던 사람들이 시간이 흐른다고 헌 집을 좋아하게 되지는 않을 것이다. 그렇다면 현재 서울시가, 나아가 대한민국이 해야 하는 공급은 어떤 것일까. 공급이 능사는 아니라지만, 그 공급조차 사라진 시장은 과연 얼마나 왜곡될 것인가. 국가가 그저 숫자에 그치는 것이 아닌, 사람들의 선호를 고려한 실질적인 주택보급률을 고민해봤으면 한다.

선분양과 후분양 제도에 대하여

내가 건설회사에 근무하던 막바지 즈음, 나는 무던히도 인도를 많이 방문했다. 평소 인문학 서적을 통해 접한 인도는 무언가 형이상학적이며 현실 문명과는 다소 동떨어진 이미지였다. 세속적인 것은 추구하지 않고, 물질문명 이상의 무언가가 있을 것 같았달까. 하지만 막상 처음 인도에 도착했을 때 느낀 풍경은 이전에 보고 읽은 것들과 사뭇 달랐다. 그곳도 사람들이 살아가는 장소였고, 먹고사니즘에 분주한 사람들의 모습이 눈에 띄었다.

마지막으로 1년가량 거주했던 곳은 인도의 경제 수도 뭄바이였지만, 내가 처음 방문한 도시는 비하르주의 파트나 시라는, 인도 안에서도 가장 낙후된 지역이었다. 앞서도 잠시 언급했지만 파트나는 갠지스강 중류에 위치하는 곳이었고, 1인당 국민소득이 대략 600불에 머물러 경제력으로만 보자면 북한과 유사한 수준의 도시였다. 실제로 이곳에 가서 처음 본 풍경도 그와 유사했다.

내가 여기서 처음 거주했던 아파트 옆에는 3층짜리 콘크리트 미완성 구조물이 있었다. 그 안에는 전기도 수도도 외벽도 없는 공간에서 수십 명 혹은 수백 명의 빈민들이 살고 있었다. 이 건물은 아마도 프로젝트 파이낸싱(PF)을 통해 지어지다가 사업이 어그러져서 민간도 정부도 개입하지 못하는 사각지대가 되어버렸을 것이다. 선분양 제도가 없는 인도와 같은 나라에서는 시행사들이 PF로 건물을 짓고, 후분양을 통해 수익을 창출하는 것이 일반적이다.

다만 그 건물을 짓는 과정에서 문제가 발생하면 시행사는 파산하고, 건물은 소유권 문제가 모호해져 짓다가 만 채로 방치되게 된다. 벽도 없는 골조 건물에서 짓다 만 콘크리트 기둥 속 삐죽이는 철근 사이로, 전기도 수도도 없이 살아가던 수많은 아이들의 눈동자가 아직도 눈에 선하다.

앞서 이야기한 바와 같이 파트나가 속한 비하르주는 인도 내 29개 주에서도 가장 낮은 수준의 1인당 국내총생산(GDP)을 보이는 곳이다. 하지만 인도에서 가장 잘사는 사람들이 모여 산다는 경제 수도 뭄바이도 이와 크게 다르지 않다. 발리우드의 백만장자들이 모여 산다는 뭄바이 시내에 가보면 어디에서든 눈에 띄는 도심 한복판에 팔레 로열 콤플렉스(Palais Royale Complex)라는 주거 건물이 10년째 미완공 상태로 방치되어 있다.

2019년 영국의 파이낸셜타임스 보도에 따르면, 63빌딩보다 높은 이 건물은 당초 시행사가 인디아불스(Indiabulls)라는 재무적 투자자(FI)의 자금을 차입하여 지으려 했다고 한다.[16] 하지만 계속된 법적 분쟁에 경기침체와 고금리를 견디지 못한 시행사는 파산하고 건물 시공은 중단되었다. 현재 담보권을 가진 인디아불스에서 해당 건물의 경매를 진행하고는 있지만 계속 유찰되고 있다.

인도에서 이렇게 부동산에 투자된 그림자 금융의 규모는 해가 갈수록 늘어나며 부실 징후가 감지되고 있다. 그래서 데완 주택금융회사와 같은 비은행 금융사의 주가는 고점 대비 95% 이상 추락한 상황이다. 참고로 2018년 인도의 대규모 인프라 프로젝트 투자를 추진하던 대형 비은행금융권(NBFC) 기업인 'IL&FS'사는 은행 단기대출 상환에 다섯 차례 이상 실패하여 신용 등급이 'AA+'에서 정크 등급으로 하향되었다.[17]

후분양제는 주택 공급을 위축시킬 가능성 있어

한국으로 눈을 돌려보자. 2019년 후분양 아파트로 공급되어 주목을 받은 과천 푸르지오 써밋(과천주공1단지 재건축) 청약 결과가 흥미롭다. 이 단지의 일반분양분은 506가구이며, 여기에 1, 2순위 총 3,034명이 신청해 최종 합계 평균경쟁률은 6 대 1이 되었다. 물론 제일 큰 152B 타입은 2순위 기타 지역까지 누적 미달이 나기는 했지만, 인기 있는 84A 타입은 1순위에서 71 대 1로 마감되어 청약이 완료되었다.

문제는 공급가격이다. 2017년 해당 재건축조합이 주택도시보증공사(HUG)에 선분양으로 제시한 분양가는 평당 3,313만 원이었다. 한데 2년이 지나 지상층의 3분의 2 이상이 시공되어 실시한 후분양 분양가는 평당 3,998만 원, 즉 평당 685만 원이 올랐다. 여기서 바로 옆에 선분양된 과천 자이(과천주공 6단지 재건축)와 비교해도 후분양제가 분양가 상승의 원인이었다는 게 잘 드러난다. 과천 자이의 평당 분양가는 평균 3,253만 원이었던 것이다. 만약 과천 푸르지오 써밋의 청약이 모두 실패했다면 고분양가 논란이 있었겠지만, 앞서 언급한 84A타입의 경쟁률을 보면 시장에서 합리적으로 받아들인 가격이라 볼 수 있다.

시행사 관점에서 보면 선분양과 후분양은 자본조달 방법과 시기의 차이라고 할 수 있다. 물론 시행사 입장에서는 선분양을 선호하겠지만, 원론적으로 보자면 금융권을 통해 PF 금액을 얼마나 조달할 것인가, 그리고 금융권은 해당 PF 잔액의 상환리스크를 얼마로 놓고 이율을 제시할 것인가의 차이이다. 선분양에서는 분양대금을 통해 마련할 수 있는 자금을 후분양에서는 선순위, 중순위, 후순위 PF를 통해 마련해야 한다. PF 금액 자체가 크지 않았던 선순위에서 저금리로 조달하던 사업비는, 중순위와 후순위 PF로 가면 변제 순위가 낮아져 금리가 높아진다. 후분양으로 전환되어 PF 대출이 증가되면, 해당 프로젝트의 매출액 대비 차입금의 비율이 늘어나 이로 인해 상환위험이 증가한다.

그리고 여기서 문제가 발생한다. 이 수천억 원에 이르는 PF

금액을 대출해주는 금융기관은 재정 상태가 튼튼하거나 지급 보증이 확실한 시행사에 저금리 대출을 하고, 그렇지 않은 기업에게는 고금리 대출을 하거나 대출을 거부할 수 있는 것이다. 즉 후분양제는 주택 공급시장을 위축시킬 수도 있다.

흔히 아파트를 짓는 건설사들은 땅 짚고 헤엄치기를 하며 폭리를 취한다고 생각한다. 실상은 그렇지 않다. 브랜드 아파트를 짓는 건설사들의 순이익률은 5% 남짓이다. 자이로 유명한 GS건설은 오랜 적자 구조 속에 몇 년 전에 순이익률이 플러스(+)로 전환했고, 푸르지오를 짓는 대우건설은 2016년 7,549억 원의 당기순손실을 기록했다. 위브의 두산건설도 지난 5년 연속 순손실을 기록했고, 이는 결국 두산그룹 전체의 위기로 번지게 되었다.

물론 이들 건설사가 특정 프로젝트에서 상당한 이익을 낼 수도 있지만, 공사 지연이나 불가항력 재난과 같이 프로젝트 매니지먼트 측면에서 잠재된 리스크가 한두 개라도 발현된다면 손실은 피할 수 없다. 주택도시보증공사는 시공자의 부도 등을 보증하지만 브랜드 아파트를 짓는 시공사들이 특정 프로젝트에서 손실이 발생한다 하여 부도를 낼 수는 없기 때문이다.

이에 따라 특정 프로젝트에는 실제 분양대금보다 더 비용이 들어가기도 하고, 외환위기나 금융위기 등으로 미분양이나 미입주가 발생해 비용이 사업비의 2배를 초과하기도 한다. PF 자금으로 토지를 매입했는데 예상치 못하게 경기가 심각하게 침체되면 건설사가 분양이나 착공 시기를 미룰 수밖에 없다. 미분양을 감수하고 착공했다가 미입주로 이어지면 해당 프로젝트의 손실은 명약관화하기 때문이다.

수주산업은 신뢰를 바탕으로 하는 사업이기에

혹자는 후분양제에서는 소비자가 완공된 주택을 보고 구매를 결정하기 때문에 하자 보수가 줄어든다고 한다. 하지만 시설공사별 하자에 대한 담보책임기간은 어차피 건축물 인도 시점을 기준으로 삼기 때문에 선분양이든 후분양이든 큰 차이가 없다. 게다가 후분양 계약의 경우에도 콘크리트를 타설하거나 마감재를 시공할 때 내부를 확인할 수 없는 건 마찬가지다.

단적으로 대부분의 다세대나 연립주택은 후분양제에 해당하는데, 이들의 품질이 브랜드 아파트보다 낫다고 보기엔 어렵지 않은가. 하자 보수는 품질관리의 영역이다. 구조물이 설계기준에 맞게 제대로 되었는지, 설계와 시방서에 맞게 시공을 했는지가 중요하다는 뜻이다. 이것은 ISO 9001* 혹은 6시그마**와 같은 시공사의 품질관리 능력, 감리사의 철저한 프로젝트 관리 등의 영역에서 논의되어야 하는 부분이지 선분양제냐 후분양

---

* 국제표준화기구(ISO)에서 제정, 시행하고 있는 품질경영시스템에 관한 국제 규격.

** 모든 프로세스에 적용할 수 있는 전방위 경영혁신 운동으로, 1987년 미국의 마이클 해리가 창안한 품질경영 혁신 기법.

제냐의 차이에서 발생하지 않는다.

더욱이 부실공사를 후분양제와 연결하는 것은 실증적 논리와 데이터가 받쳐주지 않는 지나친 해석이다. 지난 2017년 포항 지진에서도 확인된 부분이지만, 이때 주로 피해가 발생한 구조물은 저층 필로티 연립주택들이었다. 내진 설계가 적용된 아파트의 경우는 조적채움벽••• 및 미장탈락•••• 등 비구조적 요소의 피해에 국한되었지만, 필로티 주택들은 건축물 안전에 지배적인 영향을 미치는 기둥에서 문제가 발생했던 것이다. 이와 함께 소규모 건축물은 감리가 부실해 띠철근의 풀림 및 간격 불량 등의 문제도 발견되었다. 즉, 이러한 문제는 내진 설계 강화, 비구조재 설계규정 보완, 일정 층고 이상 필로티 건물의 현장 구조 감리 규정 변경 등으로 개선해야지 분양 시점의 차이로는 해결할 수 없다.

건설산업은 조선산업과 같이 기본적으로 수주산업이다. 수주산업은 신뢰를 바탕으로, 발주자로부터 주문을 받아 원하는 산출물을 만들어 인도하게 된다. 즉, 미래에 대한 약속을 실현하는 산업이다. 미래 상황을 가정해 계약하기 때문에 정확히 딱 들어맞는 이익을 계산하기 어렵다.

가정했던 지반 환경이나 원자재 가격, 환율 변동, 노동법규

••• 조적(組積)은 돌, 벽돌, 콘크리트 블록 등을 쌓아 만드는 것을 말하며, 이러한 형태로 구성된 벽을 조적채움벽이라고 한다.

•••• 미장(美匠)은 흙, 회반죽, 모르타르 등을 벽, 천정, 바닥에 바르는 일이고, 미장탈락은 이러한 미장이 떨어지는 현상을 가리킨다.

변경, 혹은 불가항력 상황이 발생하면 견적 비용은 증가하거나 감소할 수밖에 없다. 애초에 이런 불확실성을 두고 착공하는 수주산업은 국내외 어디나 분쟁이 발생한다. 그리고 이를 처리하려고 협의, 조정, 중재 또는 소송까지 이어지는 것이 대규모 프로젝트의 일반적인 현상이다.

단독주택을 짓는다고 생각해보자. 단독주택을 올리려면 건축주가 땅을 매입하고 설계사가 디자인하고, 시공사를 선정해 공사한다. 건물이 다 지어지면 세대주가 될 이 건축주는 모델하우스도 없는 나대지에 상상 속의 건물을 짓기 시작해야 한다. 설계사가 도면을 그려준다 한들, 컴퓨터로 그린 디자인(CAD) 도면으로 점철된 점과 선으로 3차원의 구조물을 상상해내기는 쉽지 않다.

또 내 집 짓기 프로젝트의 상당수는 건축 도중 자연재해나 산업재해, 혹은 건축법 및 유관법 저촉, 승인 지연 등의 문제가 발생한다. 건물을 지어본 사람들은 대규모 단지 분양을 받는 것이 직접 단독주택을 짓는 것과 비교하면 훨씬 간편하고 수월한 방법이라고 대부분 동의할 것이다.

선분양과 후분양은 옳고 그름의 문제가 아니다

결론적으로 선분양은 신뢰가 전제된 사회에서, 모두가 같이 리스크를 줄여가려는 진보한 방향의 제도이다. 그렇다고 내가 선분양이 옳으니 후분양이 아닌 선분양만을 고집하자는 것은 아니다. 시장 참여자들이 기꺼이 리스크를 감내하고 선분양을 원한다면 기존의 방식을 선택할 자유를 주고, 후분양제 선호자에게는 후분양제를 선택할 권한을 주면 된다. 현재의 정책적 논의는 마치 선분양이 우리나라 주택시장의 고질적인 문제점이라고 진단하고, 후분양제를 전면적으로 정착시키려는 쪽으로만 진행되는 듯해 우려된다.

주지하다시피 아파트와 같이 수천 세대가 모여 사는 공동주택은 세계적으로 일반적인 주거 형태는 아니다. 하지만 서울이나 싱가포르, 홍콩과 같이 인구가 밀집된 도시의 용적률과 건폐율을 고려할 때, 아파트는 그곳의 시민이 도시에서 공존할 최적의 주거 형태인 것은 사실이다. 싱가포르는 국가 태동기 시절에 사유지를 몰수하고 주택개발청에서 공동주택을 환매조건부로 분양해 공급했다. 하지만 홍콩은 공급이 수요를 따라가지 못해 지금도 주택난이 매우 심각한 편이다.

서울이나 부산 등 한국의 대도시는 어떠한 방식으로 구도심을 개선하여 지속가능한 도시를 만들어나갈 것인가. 선분양과 후분양은 흑백논리와 같이 누가 옳고 누가 그르냐의 차원이 아니다. 그저 한국처럼 신뢰가 비교적 높은 사회에서는 재원 조달이 저렴한 선분양제도 후분양제와 함께 계속 유지해나갈 필요가 있다는 것이다. PF로 점철된 후분양제만 고집한다면, 위에서 말한 인도의 사례처럼, 주택시장이 결코 낙원이 될 수는 없을 것이다.

안양천을 걸으면서

나는 평소 걷는 것을 좋아한다. 도시에서 마음 편히 길을 걸으려면 강을 따라 마련된 산책길이 좋은데, 내가 사는 지역에는 안양천이라는 한강의 지천이 있어 자주 다니는 편이다. 몇 달 전 나는 서울의 동쪽에 위치한 청담동에서 양재천을 따라 과천까지 걸어 내려온 적도 있다. 지금 이 글은 내가 안양천 상류에서 한강으로 거슬러 올라간 행적에 대한 기행문이다.

엄밀히 따지자면 거슬러 올라간 것은 아니고, 물이 흐르는 대로 따라갔다고 하는 것이 맞는 표현일 것이다. 경기도 의왕 광교산에서부터 발원하여 한강으로 흘러가는 하천이 안양천이기 때문이다. 이 하천은 안양시의 일부를 흐르기 때문에 안양의 것으로 생각하기 쉽지만, 그렇지는 않다. 안양천은 서울 금천구와 경기 광명시, 그리고 서울 영등포구와 양천구, 강서구의 경계를 가르며 다양한 지자체를 관통해 흐르는 하천이다.

안양이라는 명칭 자체도 안양시보다 안양천이 훨씬 더 앞

안양천의 전경

서 있는데, 사실 경기도 서부 지역 대부분의 지자체와 마찬가지로 안양시도 해방 후 시흥군에서 파생되어 나온 것이기 때문이다. 안양의 이름이 생긴 유래를 따지자면 고려시대까지 거슬러 올라가야 한다. 태조 왕건이 오색찬란한 산의 풍광을 보고 지은 사찰이 안양사였고, 이로부터 파생되어 지어진 하천의 이름이 안양천이었다. 이후 1941년 시흥군 서이면에서 바뀐 이 지역의 이름이 안양면이며, 1973년에 이르러 군에서 독립되어 나오게 된 이름이 안양시다.

안양천의 청둥오리, 그리고 인프라와 공학 기술

내 산책길의 시작은 학의천이었다. 백운호수에서 발원하여 안양천으로 합류하는 지류인 학의천. 여타 수도권의 웬만한 하천들과 같이 학의천 역시 산책로와 자전거도로가 상당히 잘 조성되어 있다. 자동차가 씽씽 달리는 도로 옆을 걷다가 이렇게 천변을 걷게 되면 무언가 편안한 마음이 느껴진다. 졸졸졸 흐르는 물의 흐름 역시 한동안 잊고 있던 자연의 소리를 즐길 수 있게 해주고, 탁 트인 시야로 보이는 파란 하늘 역시 안정감을 준다.

학의천이 안양천으로 합류하는 지점은 안양 중앙초등학교 인근이다. 이곳은 과거 덕천마을이라는 다세대 밀집지구에서 최근 신축 아파트 단지로 변모한 래미안 메가트리아 앞이다.

이곳 고수부지는 좀 탁 트인 감이 있고 면적도 꽤나 넓은데, 주말은 물론 평일에도 많은 사람들이 나와 근린시설을 즐기곤 한다. 이런 인프라 시설들을 보면 그래도 지자체 예산이 꽤나 잘 쓰이고 있다는 생각을 하게 된다.

그렇게 안양천을 따라 북쪽으로 쭉 걸어가면 진흥아파트와 삼성래미안이 나온다. 이곳은 과거 태평방직과 금성방직 공장이 있던 자리다. 사실 방직공업은 천이 생산된 후의 표백폐수와 날염폐수를 배출하는 일과 뗄 수 없다. 한강의 지류인 안양천에 이러한 공장들이 있었으니 과거 안양천의 오염 수준은 쉽게 예측해볼 수 있다. 오래전 구미나 대구 등에 많았던 방직공장으로 인해 몸살을 앓던 낙동강과 다르지 않았을 것이다.

현재 안양천은 물론 양재천, 탄천에선 청둥오리나 백로 같은 동물들을 쉽게 볼 수 있다. 지금도 공업단지 인근에 위치한 안산천에서는 눈으로도 쉽게 많은 잉어와 붕어를 확인할 수 있다. 하지만 그렇게 한강의 지류들이 깨끗해진 역사는 그리 길지 않았다. 내가 어린 시절만 하더라도 이들 한강의 지류는 악취가 심각했고, 1983년 안양천의 BOD•는 리터당 146mg에 달했다고 한다. 다행히 지금은 5mg 이하로 3급수 수준이 되었다.[18] 이렇게 될 수 있었던 이유는 물론 방직공장의 이동도 있었겠지

• Biochemical Oxygen Demand. 생화학적 산소요구량. 물이 오염된 정도를 나타내는 지표로, 호기성 박테리아가 일정 기간 동안 유기물을 산화, 분해시켜 정화하는 데 들어가는 산소량을 ppm(백만분율)으로 나타낸 것이다.

만, 서남물재생센터나 박달하수처리시설 등 다양한 환경 인프라의 건설이 있었기 때문에 가능했던 일이다.

안양천을 걷다 보면 가장 많이 보이는 것이 빗물펌프시설이다. 홍수라는 자연재해는 21세기 들어와서 거의 화석과 같이 인식되었지만, 20세기 말만 하더라도 연중행사로 찾아오는 크나큰 재앙이었다. 안양천에서 가장 유명한 침수는 1977년 대홍수였다. 이때 일 454mm의 강수량으로 인해서 208명이 사망하고, 49명이 실종, 420명이 부상을 당했다고 한다.[19] 이후로도 1990년대까지 세숫대야로 집에 침투한 물을 퍼내는 장면은 당시 여름철 9시 뉴스의 단골 장면이었다.

이러한 일이 계속되자 각 지자체는 배수 관련 시설을 짓기 시작했고, 다양한 빗물펌프장을 통해 배수용량을 늘려 현재는 그와 같은 침수가 발생하진 않는다. 그러니까 내가 네다섯 시간을 걸으며 상쾌함을 느낀 그 안양천은 국가의 인프라 예산과 현대 공학 기술의 조합으로 가능했던 결과물인 셈이다.

물론 1980년대 안양천을 죽음의 하천으로 만든 원인도 산업화에 있다. 하지만 그 안양천을 다시 깨끗한 수질로 복원한 것 역시 경제발전과 과학기술의 산물일 것이다. 부디 너무 전자에만 매몰되지 말고 후자도 균등한 시각으로 바라봐줬으면 한다.

시민을 위한 복지는 거창한 것이 아니다

그렇게 석수동을 따라 안양천을 걷다 보면 어느샌가 입체 교차로가 가득한 지역에 이르게 된다. 강남순환도시고속도로와 서해안고속도로, 그리고 경부선 등이 교차하는 금천 IC 인근이 그곳이다. 이러한 콘크리트 입체교차로를 보다 보면 과연 인간의 한계가 어디까지인가 싶은 생각도 든다.

그리고 조금 더 예산이 있다면 이 복잡한 도로들이 안양천 밑으로 다닌다면 좋겠는데, 그렇게 될 수 있다면 사람들이 훨씬 더 살기 좋은 도시로 변모할 텐데, 하는 생각도 들게 된다. 늘 SOC 예산을 줄여나갈 생각만 하지 말고, 이런 입체교차로 지하화 공사를 추진할 생각을 하면 어떨까 싶다. 이러한 시도들은 KTX와 전철 소음으로 고통을 겪는 인근 주민들에게는 최고의 복지 선물일 텐데 말이다.

경기도 광명과 서울 금천구는 안양천을 사이로 매우 가까운 거리를 유지하고 있다. 하지만 그 대포 소리와 같은 기차선로 때문인지 심리적으로 많이 멀어보이던 게 사실이었다. 최근 새로 생긴 수서고속철도의 경우는 전 노선의 93%가 지하 터널로 이루어져 있는데, 적어도 서울 내에서는 이러한 철도 지하화가 시급히 이루어져야 한다고 생각한다. 그러면 낙후된 구로구와 금천구도 꽤나 선호되는 지역으로 변모해 나갈 수 있을 것이다.

복지라는 게 그리 거창할 필요가 있을까. 과거에 오염되었던 한강 지류를 깨끗한 1급수로 만드는 것, 이런 게 국가가 제대로 하고 있고 또 해야 하는 일이 아닐까 싶다. 모르긴 몰라도 안양천변가에 있는 수많은 아파트들이 1980년대에는 그다지 괜찮은 아파트로 취급받지 못했을 것이다. 하지만 작금의 관점에서 보자면 철도 소음을 제외하고서는 주거 환경으로도 손색없이 훌륭해보인다.

그렇다면 이후 우리에게 남아 있는 과제는 앞서 언급한 교통시설의 지하화가 될 수 있을 것이다. 이것은 너무 큰 욕심인가. 더 살기 좋은 도시를 만드는 일, 그런 욕심은 계속 부려도 되지 않을까.

입체적이고도 빛나는 도시를 만들기 위하여

나는 2000년대 초·중반 광역버스를 타고 인천에서 부천 중동 신도시를 거쳐 서울로 통학했다. 당시 중동엔 한창 지하철이 건설되는 중이었다. 대학을 졸업하면 회사에 취직해야 하는데, 버스를 타고 지하철 현장을 내려다보며 나는 이렇게 집에서 가까운 현장에서 일할 수 있으면 좋겠다고 생각했다. 하지만 그땐 내가 군대를 막 다녀온 후였고, 아마도 졸업하기 전에 이 공사는 완료될 것으로 생각했다.

5년 정도 시간이 흐르고, 나는 건설회사에 취직해서 현장 배치를 받았다. 그리고 마치 운명처럼 부천의 지하철 현장에 발령이 났다. 놀랐던 사실은 5년이나 지났는데 해당 지하철 공사는 절반도 시공되지 않은 상태였다는 것이었다. 알고 보니 이 공사는 도시철도 사업으로 정부와 지자체가 6 대 4로 공사비를 부담해야 했지만, 지자체의 예산 제약으로 자금 조달이 쉽지 않았다고 한다.

인프라는 언제나 큰 예산을 필요로 하기에

우리가 보기에는 모두가 똑같아 보이는 지하철이지만, 예산 조달 방법을 들여다보면 지하철이라고 다 같은 지하철이 아님을 알 수 있다. 우리나라의 철도는 투자비 부담을 기준으로 크게 다섯 가지로 구분할 수 있다. 고속철도, 도시철도, 광역철도, 일반철도, 전용철도가 그것이다.

고속철도의 경우 근거법에 따라 국가가 40~50%가량 투자비를 부담하고, 한국철도시설공단에서 나머지 50%~60%를 부담한다. 한 도시 안에서 구축되는 도시철도의 투자비는 국가가 60%, 지자체가 40%를 부담하며, 2개 이상의 시·도에 걸쳐 운행되는 광역철도의 경우는 국가가 75%, 지자체가 25%를 부담한다. 이들을 제외한 일반철도는 국가가 100% 부담하고, 자신의 수요에 따라 건설되는 전용철도의 경우는 민간이 100% 부담한다.[20] (법령 개정에 따라 각 주체의 부담 비율은 변경될 수 있음)

여기서 간혹 첨예한 이슈로 부상하는 것이 도시철도와 광역철도의 차이다. 사실 수도권 지하철 노선도만 보더라도 이는 서울은 물론 인천, 경기, 때로는 충청이나 강원까지 아우르는 광역교통망임을 깨달을 수 있다. 따라서 이러한 지하철이 건설될 때에는 이것이 도시철도로 분류되는지 광역철도로 분류되는지에 따라 지자체의 부담이 40%에서 25%까지 크게 달라지게 된다.

예컨대 과포화된 경인 수요 분담을 위해 건설된 서울지하철 7호선 연장 온수-부평구청 구간만 보더라도, 이는 서울시와 인천시, 경기도 부천시까지 3개 광역도시를 지나는 것을 알 수 있다. 이때 만약 한 지자체만 이 투자비를 부담한다면 40%를 홀로 감당해야 하는데, 일반적인 지자체로서는 그 1조 원이 넘는 투자비를 마련하기란 꽤나 어려운 일인 것이다.

해당 노선은 1992년에 입주한 1기 신도시를 가로지르는 구간이었다. 본디 이 노선은 1990년대 초부터 계획됐다고 한다. 한데 외환위기로 인해 해당 계획 자체가 틀어졌고, 2013년에 이르러 겨우 개통이 된 것이다. 이처럼 대규모 예산의 인프라는 계획부터 개통까지 여러 가지 리스크로 인해 수십 년의 기간이 걸리기도 한다. 2019년에 국토부는 3기 신도시를 발표했고, 서울 서북부의 경기도 1, 2기 신도시 주민들은 연일 시위를 하며 문제를 제기한 바도 있다.

이들의 주 요지는 기존 1, 2기 신도시 교통 인프라도 충분치 않은 상황에서 3기 신도시를 발표하는 바람에 기존 신도시에서 벌어질 공동화현상을 우려하는 것이었다. 국토부는 서둘러 1, 2기 신도시 교통대책을 내놓았지만, 연간 20조 원 안팎의 SOC 예산으로 그 많은 교통 인프라가 한 지역에서 제 시기에 지어진다고 낙관하는 주민들은 별로 없었다. 책의 1부에서도 얘기했지만 이는 10년 넘게 짓고 있는 한강의 월드컵대교만 봐도 잘 알 수 있는 사실이다. 그럼 이러한 문제는 어떻게 해결해야 할까.

국가가 해결할 수 없는 재건축의 영역

건설 기술이 발달하면서 우리는 도시를 수평적이 아닌 수직적으로도 확장할 수 있게 됐다. 즉, 낮은 용적률 규제를 완화한다면 서울 도심에 주택 공급을 늘릴 수 있다는 말이다. 계속해서 이야기하지만 이러한 재건축은 정부 예산이 들어가기는커녕 건설에 따른 부가세, 취득세 등 세수도 확보할 수 있게 된다.

몇 년 전에 출장차 구소련의 어느 도시를 다녀온 적이 있었다. 페레스트로이카* 이후 30년이 훌쩍 넘었지만, 여전히 구소련 시절 지은 낡은 건물만 즐비한 풍경에 안타까움이 느껴졌다. 아직도 시장경제가 자리잡지 못해 토지의 사적 소유도 어려운 일부 CIS** 국가에서는, 투자 여건이 조성되지 않아 선불리 신규 건물을 짓고자 하는 투자자가 존재하지 않았다.

재개발 및 재건축으로 발생하는 시세 차익이 전체 부동산 시장에 미치는 영향, 그에 따른 부의 양극화도 사회적 문제인 것은 사실이다. 하지만 관점을 달리해서 보자면 이런 민간의 정비사업을 통해 국가나 지자체는 저절로 도시환경을 개선하는 효과를 보게 된다. 재건축을 해야 한다는 말은 다른 의미로

---

* Perestroika. 1986년 이후 소련의 고르바초프 정권이 추진하였던 정책의 기본 노선. 국내적으로는 민주화 · 자유화를, 외교적으로는 긴장 완화를 기조로 한다.
** Commonwealth of Independent States. 독립국가 연합. 1991년까지 소련 연방의 일원이던 독립국가들을 가리킨다.

표현하자면 건물의 구조 안전성이 취약하고 소방활동 제약, 침수피해 가능성 등이 존재하며 난방, 급수, 가스 등 설비가 노후화됐다는 말이다.

공동주택 분양가격은 대지비와 건축비로 구성돼 있다. 이 중 건축비의 경우는 내용연수를 두어 일정 기간이 지나면 잔존가가 없어지게 된다. 엔지니어링 측면에서 보더라도 철근콘크리트 구조물의 내구성은 한계가 있어 30~40년 정도 지나게 되면 균열에 의한 구조 안전성 저하가 발생할 우려가 있다. 구조적 결함이 없다 하더라도 2017년 런던 그렌펠타워 화재와 같이 소방시설 부재로 인해 대형 참사가 발생할 수도 있는 것이다.

이러한 측면에서 보자면 도시의 구조물은 주기적으로 재건축이 돼야 하며 이것은 국가 예산으로 해결할 수 없는 영역이다. 최근 강남 지역에서 재건축되는 단지들을 보면 안전의 영역 외에도 에너지 절감, 생태순환 시스템 등 다양한 개선안을 스스로 만들어내고 있는 것을 확인할 수 있다. 이러한 노력은 딱히 누가 시켜서라기보다는 민간 시공사가 선정되기 위해 스스로 발굴해내는 기술의 발전이다.

코르뷔지에가 주창했던 빛나는 도시를 위하여

나는 여기서 르 코르뷔지에의 이야기를 하고 싶다. 20세기 초반의 도시계획가였던 코르뷔지에는 1920년대 부아쟁 계획

(Plan Voisin)이라 하는 파리 도시계획안을 내놓은 바 있다. 이는 늘어나는 파리의 인구밀도 문제를 해소시킬 수 있는 계획이었는데, 저층 주택으로 밀집되어 있는 파리를 높은 용적률과 낮은 건폐율의 고층 아파트로 변모시키고, 남은 면적을 숲과 공원으로 조성하여 쾌적한 주거 환경으로 만든다는 청사진이었다.

현대의 파리를 가보신 분들은 아시겠지만, 이 부아쟁 계획은 실현되지 않았다. 아이러니하게도 이러한 요소들이 다 갖추어진 도시는 현재 파리가 아닌 대한민국의 신도시일 것이다. 그는 현대건축의 5원칙으로 필로티(pilotis), 옥상 정원(roof garden), 자유로운 파사드(free facade), 자유로운 평면(free plan), 가로로 긴 창(horizontal window)을 꼽았다. 대한민국 신도시의 판상형 아파트를 가보면 이러한 요소들이 거의 다 적용된 것을 알 수 있다.

이에 더해 20세기 초반에 살았던 코르뷔지에는 교통수단으로 자동차만을 생각했겠지만, 21세기를 살아가는 우리는 대중교통이라는 충분한 대안까지 갖고 있다. 이것은 환경적인 측면에서 놀라운 변화라 할 수 있다. 서울은 오래된 도시이다. 멀리 조선시대까지 가지 않더라도 해방 이후 별다른 도시계획적 큰 그림 없이 건축된 지역들도 많고, 그 건축물들은 이미 내용연수를 다해가고 있다. 이제 서울에 부아쟁 계획과 같은 사고방식이 필요한 시점이라는 말이다.

서울은 물론 거의 모든 도시들의 마천루는 모두 민간자본에 의해 건설된 것들이다. 수백만 명이 한데 모여 사는 도시의 경우는 입체적 구성이 필수적이며, 다시 말하건대 그 입체를 이루는 구조물은 주기적으로 개선돼야 한다. 빈대를 잡고자 초가삼간을 태우면 안 될 것이다. 이제 준공 후 50년이 넘는 아파트가 서울에 속출할 날이 얼마 남지 않았다. 삼풍백화점과 성수대교를 짓기도 전에 만든 구조물들 말이다. 이런 측면에서 우리는 큰 그림에서 국토와 도시를 다시 한번 바라볼 수 있어야 한다.

그런 관점에서 보자면, 정부 예산을 들이지도 않고 도심의 노후한 건물을 재건축할 수 있다는 것 자체만으로 우리나라는 상당히 매력적인 국가라 볼 수 있다. 부디 새로운 수평적 신도시를 짓는 것에 집착하기보다는, 규제 완화를 통해 도심지 노후화한 구조물의 재건축을 도모하는 방향도 검토되어야 한다. 그것이 현대건축가 르 코르뷔지에가 주창했던 입체적이며 '빛나는 도시'로 가는 길일 것이다.

홍콩 기행

홍콩은 크게 홍콩 섬과 공항이 있는 란타우섬(Lantau Island), 그리고 구룡반도(九龍半島)를 포함한 중국 대륙에서 뻗어 나온 반도 부분으로 구성되어 있다. 1998년에 개항한 첵랍콕공항에서 홍콩의 도심인 센트럴까지는 기차로 24분가량 걸린다. 티켓은 공항에서 구매할 수 있는데, 홍콩은 옥토퍼스 카드(Octopus card)라는 일종의 티머니(T-money) 같은 카드를 만들어 관광하거나 생활하기에 편리하게 만들어 놓았다.

옥토퍼스 카드는 티머니보다 조금 더 확장된 개념이어서, 교통수단은 물론 식당에서 식사하고 결제할 수도 있게 만들어 둔 카드다. 생각보다 괜찮아 우리도 도입하면 어떨까 싶었지만, 서울이나 주요 도시의 음식점에선 대부분 신용카드를 받아주는데 굳이 한국에는 필요하지 않을 수도 있겠구나, 하는 생각도 퍼뜩 들었다.

자정이 넘어 도착하는 바람에 우리는 일단 잠을 청했고, 홍콩의 밤거리는 내일을 위해 남겨두었다. 첫날 우리의 목표는 홍콩 섬, 그러니까 그 핫하다는 란콰이퐁(Lan Kwai Fong) 지역과 소호 지역을 비롯한 센트럴(Central) 지역을 경험하는 것이었다. 홍콩의 많은 명소를 가기보다는 홍콩이라는 도시를 느끼고 맛있는 것을 먹으며 휴식을 취하고 싶은 게 금번 여행의 목적이었기 때문이었다.

자고 일어나 산책 삼아 란콰이퐁을 둘러보니, 과연 이 도시는 말 그대로 빌딩 숲의 도시였다. 용적률을 가늠하기 어려운(대충 봐도 1,000%는 되어 보이는) 고층 빌딩들이 숲을 이루는데, 도로는 거의 1.5차선에, 보행자 통로는 두 사람이 겨우 왕래할 수준으로 좁았다. 처음엔 IFC몰과 같은 신시가지의 인상도 느껴졌지만, 조금 남쪽으로 들어가 보니 과거 〈중경삼림〉이나 〈영웅본색〉에서 보이던 그 과밀하면서도 인간미 나는 건물들이 눈에 띄기 시작했다.

미드레벨 에스컬레이터를 타고 올라가며

우리는 제일 먼저 홍콩의 명물이라 할 수 있는 세계 최장 에스컬레이터인 미드레벨 에스컬레이터(Mid-Levels Escalator)를 타러 갔다. 이 에스컬레이터는 총 800m에 이르는 길이에, 높이로 따지자면 135m에 달하는 엄청난 규모의 구조물이다.

사실 홍콩, 그중에서도 센트럴(Central)은 정말이지 구조물의 도시라 할 수 있다. 워낙 도시가 과밀하다 보니 앞서 언급한 대로 보행자 통로를 놓을 공간도 부족해서, 홍콩시는 고가교를 많이 만들어 보행자와 차량의 통행을 분리시켜 놓았다. 게다가 센트럴의 경우엔 남쪽으로 조금만 가면 고도가 급격히 상승하기 시작하는데, 그 유명한 '마의 계단'이 그것이다. 미드레벨 에스컬레이터를 타고 올라가며 보이는 끊임없는 주택가(〈중경삼림〉의 양조위가 거주하던 주택, 바로 그런 느낌이다)와 음식점들을 바라보며, 사람이 이렇게도 조밀하게 살 수도 있구나, 라는 느낌에 젖었다.

아울러 이 에스컬레이터가 만들어지기 위해서는 콘크리트 기초와 그 위의 콘크리트 기둥이 계속해서 이어져야 한다. 이러한 구조물 없이는 설명할 수 없는 도시가 홍콩이다. 게다가 홍콩에는 이층 버스, 이층 트램이 있어서 고가도로의 경우에도 보통 4~5m 수준이 아닌 7~8m가량의 상당한 높이를 보인다.

구조공학적인 관점에서 보자면, 기둥의 한계 세장비•와 좌굴••, 그리고 안전율을 고려할 시 높이가 커진다면 투입되는 재료의 양도 높이의 차이보다 훨씬 더 많아지게 된다. 너무 과밀한 곳에 다 같이 살려고 하다 보니 사회적 비용이 과도하게 투

• 세장비(細長比)란 압축재의 좌굴 길이를 단면2차반경으로 나눈 값으로, 통상 '☒'(람다)로 표시한다. 세장비가 커지면 좌굴 하중은 작아지며, 각종 구조별 세장비의 한도는 설계상 정해져 있다. 압축재는 세장비 크기에 따라 탄성좌굴 또는 비탄성좌굴을 일으키는데 그 경계의 세장비를 한계 세장비라고 한다.

•• Buckling. 기둥의 길이가 그 횡단면의 치수에 비해 클 때, 기둥의 양단에 압축하중이 가해졌을 경우 하중이 어느 크기에 이르면 기둥이 갑자기 휘는 현상.

입되는 건 아닌가, 하는 생각도 조금은 들었다.

미드레벨 에스컬레이터를 타고 끝까지 올라가니 고급 맨션(mansion)들이 보이기 시작했다. 홍콩의 부동산 값이야 세계 최고 수준이라는 건 너무도 유명한 사실이니, 여기서 홍콩의 진정한 부동산 가격을 볼 수 있을까 싶어 근처 부동산을 기웃거려봤다. 이 동네 방 3개짜리 아파트(맨션)의 가격은 홍콩달러로 $30M가량 했다. 물론 방 4개짜리로 가자면 $63M도 보였다. $30M면 2020년 8월 기준으로 대략 46억 원가량 하는 액수다. 방 4개짜리는 그럼 96억 원 정도. 서울 강남과 비교를 해봐도 홍콩의 집값은 역시 우주 최강 수준으로 보인다. 국제 부동산 가격을 비교할 때 항상 홍콩이나 싱가포르가 예외로 여겨지는 이유를 체감하는 순간이었다.

홍콩의 거리를 걷다 보니, 생각보다 대기오염은 그리 심각한 수준으로 보이지 않았다. 언론을 통해 간혹 홍콩의 대기오염 수준은 심각하여 외출하기 어려운 수준이라 들었는데, 가시거리 측면에서 보자면 적어도 서울보다는 낫지 않나 싶은 생각이 들었다. 아무래도 바다에 둘러싸인 섬이란 측면에서 봤을 때 대기오염이 심각해도 금방 휘휘 쓸어가는 대류의 영향이 아닌가 싶었다.

이중성의 도시, 홍콩

그럼에도 건물 내, 높은 건폐율로 인한 건물 주변의 위생 관리 상태는 서울보다 많이 취약해 보였다. 그런 면에서 홍콩을 묘사하는 한 단어는 이중성이 아닐까, 라는 생각에 잠겼다.

이중성의 도시. 〈영웅본색〉 초반 주윤발이 성냥개비를 씹으며 걸어가는 신(scene)에서 보여주는 강렬한 햇살 아래 매끈한 건물 숲과, 〈중경삼림〉 초반 임청하가 노란 머리를 휘날리며 걸어가는 신에서 보여주는 어두컴컴하고 다닥다닥 붙어 있는 오래된 건물들이 공존하는, 그런 치명적인 이중성의 공간 말이다. 사실 이런 이중적인 단면은 비단 홍콩뿐만 아니라 다른 세계 유수의 메트로폴리탄 시티에서 보이는 면모이지만, 지나치게 과밀화된 도시다 보니 그러한 부분이 더욱더 눈에 띄는 듯 느껴졌다.

1980년대 이전에 태어난 분들은 아마도 홍콩 하면 떠오르는 주제가가 한둘쯤은 있을 것이다. 나에게는 그것이 〈영웅본색〉 주제곡 중의 하나인 '당년정(當年情)'이다. 이제는 JTBC의 예능 〈아는 형님〉에 나오는 이상민 씨 테마곡으로 더 유명하지만, 스산한 하모니카 소리로 시작되어 장국영의 슬픈 눈망울을 연상케 하는 도입부는 언제 들어도 감상에 젖는다. 영화는 지금 다시 봐도 홍콩의 비극적인 시대와 어우러진 스토리의 전개로 보는 이로 하여금 안타까움을 자아내게 만든다.

1980년대만 하더라도 홍콩의 삼합회•는 상당한 수준의 조직력을 발휘했고, 1990년대 중반까지도 〈아시아위크〉에서 아시아를 움직이는 50대 인물을 발표하면 삼합회의 용두(龍頭, 두목을 뜻하는 홍콩식 용어) 신의안••은 빠지지 않고 등장했다. 그런 홍콩의 기억이 고스란히 남아 있는 곳이 구룡반도이다.

구룡반도, 그러니까 현지어로는 '九龍'을 뜻하는 카오룽(Kowloon) 역에 처음 도착했을 때는 솔직히 조금은 깜짝 놀랐다. 63 빌딩 높이의 두 배가량 되는 국제상업센터 건물(ICC, International Commerce Centre, 484m, 118층)은 그렇다 치고, 사방에 둘러싸인 대략 60~70층 정도의 더 컬리난 타워(The Cullinan Towers, 270m, 73층)나 더 아치(The Arch, 231m, 65층)와 같은 고급 맨션들의 위엄이 어마어마해 보였기 때문이다. 이전에 악명이 높았던 구룡성채(九龍城寨)의 느낌은 완전히 사라져버렸다.

문득 항구 주변에 포진한 이런 고층 아파트들을 보고 있노라니, 지루하게 공방을 이어가는 서울시 한강변 아파트의 35층 논쟁이 떠올랐다. 서울시는 '2030 서울플랜'에 따라 2014년부터 재건축을 포함해 일반주거지역 아파트는 35층을 넘지 못하게 하고 있다. 일조권과 조망권 독점을 막겠다는 취지다.[21] 그렇지만 구룡반도 고층 건물 단지를 바탕으로 홍콩 기행의 기억들을 더듬어보자면, 그 밀집한 홍콩에서 이 단지 부근만큼 탁

• 홍콩과 타이완을 거점으로 한 중국의 범죄 조직 중 하나이다. 청나라 말 유명한 반청 복명 조직인 천지회에서 변질되었다.

•• 신의안(新義安)은 삼합회의 주요 계파 중 하나로서, 국민당 부대의 잔여 세력이 만든 것으로 알려져 있다.

병풍같이 펼쳐져 있는 구룡반도의 마천루

트이고 쾌적하다 느껴본 곳은 얼마 없었다. 이는 낮은 건폐율과 높은 용적률로 만들어진 혜택이 아닌가 싶었다.

이 지역의 아파트 가격을 좀 검색해보니, 100㎡ 면적 수준의 맨션이 대략 25억 원 수준으로 보였다. 이쯤 되면 홍콩 섬 산자락에 있는 아파트들보다는 조금 더 쾌적하며 저렴한(?) 수준이 아닌가 싶었다. 역시 인구가 과밀한 도시에서 쾌적하고 적정 수준의 주택 가격을 유지하기 위해서는 고도제한을 풀고 용적률을 올리는 쪽으로 가는 것이 맞지 않나 하는 생각이 들었다.

그렇지만 이런 생각이 꼭 옳다고는 볼 수 없다. 나는 처음에 멋모르고 카오룽 역에서 나와 길을 걸었는데, 여기선 사방이 사적 영역(private area)이라 어딜 딱히 움직일 수가 없었다. 앞서 언급한 더 아치(The Arch)와 같은 맨션 단지를 통해 밖으로 나가려고 해도 경비원이 길을 가로막고 가지 못하게 했다. 사유지라는 특성을 이해한다 하더라도 길 자체를 막아버리는 건 무슨 경우인가 싶은 반감이 들었다. 아무래도 한강변에 고층 아파트 단지가 활성화되면, 여기도 이러한 문제가 발생할 가능성은 있겠다 싶었다.

아울러 병풍처럼 존재하는 마천루들을 보며 경이감도 들었지만, 그로 인해 구룡반도에서 바라보는 홍콩 섬의 전경, 항구에 대한 조망이 완전히 덮여버린 것도 사실이었다. 이쯤 되니 강변의 아파트는 병풍형의 판상형 아파트가 아닌 타워형으로 지으라는 강제도 어느 정도는 필요하지 않나 하는 생각도 들었다.

그곳을 거닐던 내 안에는 〈중경삼림〉의 인물들이

홍콩의 부동산에 관한 이런저런 생각을 조금 더 이어가보고 싶다. 나는 버스를 타고 구룡반도 동쪽 끝자락에 있는 람틴(Lam Tin) 버스터미널 종점까지 가보았다. 구룡반도의 침사추이(Tsim Sha Tsui)란 곳은 얼핏 둘러보니 그냥 서울의 명동 같은 거리로 보여 애초에 관심이 그다지 없었다. 나는 홍콩 사람들이 사는 곳을 한번 둘러볼 요량으로, 그리고 이층 버스 꼭대기에서 도시를 둘러볼 요량으로 버스에서 내리지 않았다. 내가 도착한 종점은 서울로 따지자면 중랑차고지 정도 되는 듯했다. 여기에서 내리니 과연 외국인은 그다지 없고 노인분들과 아이들이 가득했다.

여기서 나는 다소 진기한 풍경을 만났다. 거기에도 30~40층은 족히 되어 보이는 맨션이 즐비했는데, 홍콩 섬이나 구룡반도 끝자락에 보이는 고급스러운 분위기는 아니었고 지극히 서민적인 분위기였다. 집이 작아서인지 사람들은 빨래를 베란다 바깥, 특이한 형태의 빨래걸이에 걸어 놓았는데 그 풍경이 인상적이었다. 한마디로, 이곳은 조금은 슬럼화되어 보였다.

구룡반도의 동쪽 끝자락에 위치한 이곳도 그랬지만, 홍콩에서 서민적으로 보이는 아파트들은 대부분 창문 밖으로 빨래를 널어 놓는다는 공통점이 있었다. 인터넷을 통해 찾아보니 내가 본 이 아파트는 한국의 1기 신도시와 나이가 비슷한 1993년생이었다. 최고 76층에 이르는 어마어마한 높이와 20평 이하

빨래를 널어 놓은 홍콩 맨션 가정들

의 적은 평수로 인해 일곱 동인데도 세대수가 무려 2,410세대에 이르는 아파트였다.

이 동네 역시 산을 깎아서 만든 탓인지 구조물의 향연처럼 보였다. 이곳의 아파트와 상가, 스포츠센터 등을 넘어가려면 구름다리는 물론 엘리베이터까지 타고 다녀야 했다. 이 낡은 아파트의 당시 가격은 14평 기준 6억 원가량 했다.[22] 홍콩 섬이 아닌 구룡반도에서도 버스 종점까지 가서 본 14평짜리 아파트가 6억 원 정도 한다니, 홍콩의 살인적인 집값을 다시금 확인하는 계기가 되었다.

아무튼 홍콩을 여행하는 내내 머릿속을 떠나지 않은 노래는 '캘리포니아 드림(California dream)'이었다. 이 곡은 영화 〈중경삼림〉의 주제곡처럼 쓰인 마마스 앤 파파스(Mamas & Papas)의 노래였다. 그만큼 내 머릿속 〈중경삼림〉의 기억은 홍콩과 어느 정도 등치된 수준이라는 사실을 반증하는 듯했다.

복잡한 홍콩 거리에서 노란 머리 마약 밀매상 임청하의 숨막히게 빠른 움직임, 그리고 그녀를 따라가는 핸드헬드(hand-held) 카메라의 느린 카메라 워크. 옛 애인이 좋아했던 파인애플 통조림을 앉은자리에서 몇십 통 까먹는, 그리고 그 사랑의 유통기한을 찾아 떠나는 고독한 금성무. 옛사랑을 무생물과의 대화를 통해 서서히 디졸브(dissolve) 시키며 천천히 새로운 사랑을 기다리는 양조위. 그만의 독특한 색깔로 자유로운 캘리포니아 드림을 꿈꾸는 왕페이. 이 모든 캐릭터들이 옴니버스식으로 '나'라는 하나의 인격체 안에 들어 있지 않을까 생각을 해본다.

추억과 예술이 깃든 홍콩. 독자들도 홍콩에 가실 때 이러한 도시계획적인 면모를 하나둘씩 살펴보면 더욱더 흥미로울 것이다.

보이지 않는 것들의 힘

4부

하이바를 집어 던지고

13년 전, 건설회사에 처음 입사했을 때의 일이다. 꿈에 그리던 대기업 입사를 하고 한 달여간의 그룹 오리엔테이션을 받을 때까지만 하더라도 나의 만족감은 하늘을 찔렀다. 그간 오랜 기간 공부하고 노력하며 살아온 것들이 다 보상받는 느낌이었다. 하지만 세상이 그렇게 호락호락하지만은 않았다. 오리엔테이션이 끝나고 OJT 시간이 찾아왔는데, 이는 각 건설 현장으로 가서 직접 현장 직원들과 일을 하는 과정이었다.

나의 경우는 그 OJT를 6주간 두 번 했다. 한 번은 서울지하철 9호선 현장, 그리고 나머지는 거가대교 현장에서였다. 서울지하철 9호선은 현재 개화역이 된 시점부 공사였는데, 그때만 해도 같은 서울이라 그다지 이질감을 느끼지는 못했다. 하지만 6주가 지난 시점, 거가대교 침매터널 제작장이 있던 통영으로 가는 길에서부터 인생에 새롭다 할 경험들을 하기 시작했다.

처음 통영 시외버스터미널에 내렸을 때를 기억한다. 같이 부임받은 동기와 함께 강남고속버스터미널에서 차를 탄 지 여섯 시간가량 지났을 때 우리는 바다 내음 잔뜩 느껴지던 통영버스터미널에 내렸다. 정말 이국적으로 느껴졌던 그 터미널에서 우리를 데리러 온 고참들을 만나기까지 약 10분간, 그때만 하더라도 나는 무언가 낭만이라는 것을 조금은 느낄 수 있었다.

하지만 흙먼지를 잔뜩 뒤집어쓴 SUV 무쏘 차량을 본 순간, 그 낭만이라는 글자는 이미 순식간에 사라지고 없었다. 이윽고 30여 분 남짓 오래된 무쏘를 타고 거가대교 침매터널 현장에 다다르니 성동조선소와 통영 LNG터미널 사이에 내가 일을 할 투박한 곳이 기다리고 있었다. 거기엔 창밖으로 슈퍼마리오와 같은 옷을 입고 일하는 작업자들이 많이 보였다. 이때부터 현장 일이란 무엇인가를 피부로 느낄 수 있었다.

그날 나에게 닥칠 위기는 꿈도 꾸지 못한 채

당시만 해도 거가대교의 침매함체•가 이제 막 처음 지어지기 시작하던 때였다. 거가대교는 침매함체로 구성된 해저터널로서, 길이 180m에 이르는 운동장과 같은 콘크리트 침매함체 18개를 조선소와 같은 제작장에서 만들고 물에 띄워, 거제 앞

• 육상에서 제작한 각 콘크리트 구조물을 가라앉혀 물속에서 연결시켜나가는, 최신 토목 공법으로 만드는 터널의 구조물.

바다로 가서 내려 앉히는 형식으로 만들어졌다. 내가 현장에 갔을 때는 이미 첫 번째 4개의 침매함체를 만들어 물에 띄운 상태에서 점검하던 시기였는데, 아무래도 처음이다 보니 군데군데 물이 새는 구간도 있고, 균형이 맞지 않는 부분도 있어 바다에 나가기 전에 보완하는 작업을 주로 했다.

대학에서 공학을 전공했기 때문에 나는 처음에 현장 일보다는 주로 사무실에서 계산하는 일을 했다. 하지만 침매함체가 띄워진 후부터 일손이 달리기 시작했고, 슬슬 내게도 어둠의 그림자가 다가오기 시작했다. 현장에 온 후 일주일 정도 지났을 때였을까. 어느 날 아침에 체조를 마치고 사무실에 들어가려고 하는데, 고참이 '오늘은 양 기사가 현장에 나가봐야겠다'는 말씀을 하셨다. 뭐 엔지니어가 현장에 나가는 일이 새삼 새로운 일은 아니었기에 나는 그저 알았다고 답했다. 한데 그 고참은 말을 더듬더듬 이어가시면서, 오늘 내가 할 일은 엔지니어라기보다는 '시다' 일이라고 했다.

그때만 해도 건설 현장에서 일본어 단어를 많이 사용할 때였다. '시다'는 '시다바리'의 준말로서, 일하는 사람 옆에서 그 일을 거들어주는 사람을 뜻했다. 말을 들어본즉슨 둥둥 떠 있는 침매함체 안의 일부 연결부위에 물이 새는 곳이 있는데, 오늘은 그 부위에 에폭시를 주입하는 작업을 해야 한다고 했다. 그 작업이야 작업자 아저씨께서 하시지만 전선을 들고 작업구를 교체해줄 조수가 없어서 내가 그 역할을 해야 한다는 것이었다. 당시만 해도 매사에 긍정적이었던 나는 간단히 조수 역할만 하고 대기업 월급을 받으면 완전 '꿀'이란 생각을 하며 길을 나섰다. 그날이 건설 현장 인생의 마지막이 될 수 있을 것이란 생각은 해보지도 못한 채 말이다.

둥둥 떠 있는 180m 콘크리트 함체에 들어가는 일은 시작부터 쉬운 게 아니었다. 통통배를 타고 일단 그 콘크리트 함체 위로 가야 하는데, 별다른 안전장치가 없으니 자칫 발을 잘못 디디면 바다에 빠질 수도 있던 것이었다. 그리고 높이가 약 10m에 이르는 그 콘크리트 함체의 조그만 구멍 사이로 들어가는 것도 꽤 힘든 일이었다.

그 깜깜한 곳에 맨손으로 들어가도 힘들었을 텐데, 에폭시 주입기는 물론 전선과 전동드릴 등을 가지고 가려니 작업을 시작하기도 전부터 땀이 삐질삐질 흘렀다. 작업자 아저씨와 나는 결국 그 운동장과 같은 콘크리트 함체 안으로 들어갈 수 있었고, 누수가 되는 부분을 찾기 시작했다. 콘크리트 함체 안에는 나중에 가라앉힐 때를 대비하여 평형수(Ballast water)•를 군데군데 보유하고 있었다. 이 때문에 함체 안은 여기저기 온통 물바다였다. 이런 물바다 안에서 전기 작업을 한다고? 나는 그때부터 조금 불길한 마음이 들기 시작했다.

얼마 후 우리는 누수되는 지점을 찾았다. 6m는 족히 되어 보이는 천장 부분에서 물이 새고 있었고, 밤새 물이 샜는지 바

• 선박의 균형을 유지하기 위해 선박 내부에 저장하는 바닷물. 침매터널의 경우도 평형수를 통해 바다 밑으로 평형을 유지하며 가라앉히게 된다.

닥은 이미 50cm가량 물로 가득했다. 참고로 이때 물이 샌 부분은 침매함체와 침매함체 사이 구간인데, 이는 나중에 다 가라앉히고 다시 철근콘크리트로 메운 후 방수 처리를 하기 때문에 구조물 자체에는 문제가 없는 부분이다. 다만 아직 설치되기 전이라 그런 일이 발생한 것이다.

나는 이 상황에서 전선을 잇고 천장에 에폭시 작업을 하게 만들어야 했다. 전선은 이젤과 같은 스탠드로 공중에 띄워 누수 구간 아래까지 가져갈 수 있었다. 그렇게 작업은 시작되었다. 아저씨는 6m 상공에서 에폭시를 주입하기 시작했고, 나는 그 밑에서 아저씨가 시키는 대로 장비를 드렸다.

내가 하이바를 쓰고 있지 않았더라면

여기서 잠시 그 아저씨 얘기를 해보자면. 아저씨는 처음 침매함체에 들어가기 전부터 나보고 그 하이바를 벗으라고 했다. 하이바는 공사 현장에서 쓰는 안전모를 부르는 속어다. 그때만 해도 안전의식이 그다지 높지 않던 때라 공사 현장에서 안전 담당자가 없으면 그냥 벗고 하는 일이 일상적이었다. 침매터널 안에는 아무도 없었고, 그 때문에 그 작업자 아저씨는 나에게 불편한 하이바는 벗고 편하게 일을 하자고 했던 것이다.

하지만 나는 그 이전의 오리엔테이션 기간 중 안전교육도 많이 받았고, 〈위기탈출 넘버원〉의 영상에서 본 안전모의 중요성이 기억나서 끝까지 벗지 않았다. 아저씨는 그것 참 젊은 사람이 고집도 쎄네, 하면서 툴툴거리셨다. 물론 아저씨는 작업을 하실 때에도 안전모를 쓰지 않았다. 그러고 보니 통영 버스터미널에서 현장까지 올 때 그 무쏘를 타던 고참 역시 안전벨트 같은 거 맬 필요 없다는 말을 했었는데, 운전을 하며 안전벨트를 매지 않던 그 고참의 모습에 그때까지의 나의 상식이 송두리째 무너져 내리는 느낌이 들었다.

어쨌든 우리 콤비는 에폭시 주입 작업을 시작했다. 내 눈앞에서 하나둘씩 누수가 잡혀나가니 퍽 신기하기도 했다. 오전 내내 작업을 하고, 점심을 먹은 후 다시 오후 일을 하기 시작했다. 나는 아저씨가 볼트를 달라고 하시면 볼트를, 너트를 달라고 하면 너트를 드리며 조수 역할을 나름 열심히 했다.

그렇게 여느 때와 같이 하루를 마무리하려고 하던 찰나에, 내게는 평생을 잊지 못할 사건이 발생했다. 아저씨가 그 6m 상공에서 손에 잡고 있던 전동드릴을 놓친 것이었다. 전동드릴은 6m 상공부터 자유낙하를 시작했고, 설마설마했는데 그 낙하장소는 바로 내 머리 위였다.

전동드릴은 나의 안전모를 강타하고 땅바닥으로 떨어졌다. 문제는 이때 전선들도 엉켜버려 스탠드가 무너지고 다 물속으로 빠지고 만 것이었다. 부랴부랴 전선들을 물속에서 끄집어내려고 나는 발버둥을 쳤고, 아니나 다를까, 물속에 들어간 나는 감전을 경험하게 되었다. 온몸이 찌릿찌릿하게 아파왔는데, 이윽고 전기는 자동으로 차단되었던 것으로 기억한다. 침매터널에는 상행선과 하행선 사이에 전기실 통로가 있었다. 나는 그곳으로 나와 한숨을 돌렸다. 처음엔 살았다는 안도감이 들었지만, 조금 시간이 지나자 내가 지금 여기서 무엇을 하고 있나, 하는 생각이 들었다.

이게 무언가. 만약 내가 아침에 아저씨 말대로 안전모를 쓰지 않았다면 이미 전동드릴이 하늘에서 떨어졌을 때 뇌진탕을 입었을 수도 있었을 것이고, 그렇게 된 상태에서 감전을 겪었다면 나는 이미 이 세상 사람이 아닐 수도 있지 않았을까. 내 손은 이미 감각이 없는 상태였다.

그러다 보니 나는 대체 여기서 무엇을 하고 있나 하는 상념에 잠겼다. 얼마 전까지만 해도 분명 서울에서 캠퍼스 생활을 하다가, 취직이란 것을 하고, '그래, 이제 고생 끝 행복이다. 내 세상이 왔다' 하고 쾌재를 부른 지 두어 달 후 인생을 마감할 뻔한 경험을 하고 나니 눈물도 나지 않았다. 그저 내가 왜 이런 어두컴컴한 침매터널 안에서 위험천만한 일을 하고 있는지 억울하기도 하고 분통이 터지기도 했다. 이런 마음이 벅차오르다 보니 나도 모르게 하이바를 바닥에 던져버렸다. "에이, 씨발!" 하면서 말이다.

하이바를 집어 던진 신입사원이 되었지만

다행히 감전은 내 목숨을 위협할 정도는 아니었고, 안전모

덕에 내 머리는 둔탁하고 강렬한 충격을 느꼈을 뿐 그럭저럭 다친 데는 없었다. 나는 정신을 차리고 아저씨를 쳐다봤다. 아저씨는 미안한 기색을 보이시긴 했지만, 뭐 늘 있는 일이려니 하는 눈치로 빈 공간만 쳐다보고 계셨다.

얼마 후 안전 담당자가 소식을 듣고 찾아왔고, 나는 다시 사무실로 돌아갔다. 그렇게 며칠 그저 생각없이 현장 일을 하고 있었는데 본사에서는 이상한 이야기가 들려오기 시작했다. 이번 신입사원 중에 OJT 도중 하이바를 집어 던진 애가 있다는 이야기가 말이다.

억울했다. 나의 손은 아직도 감각이 되돌아오지 않았는데, 공감은커녕 비아냥만 들려오는 현실이 원망스러웠다. 그때부터였다. 어딜 가나 나의 꼬리표, '하이바를 집어 던진 신입사원'은 꽤나 오래 나와 붙어다녔다. 그때마다 설명할 재량은 없고, 그저 열심히 일을 하다 보면 그 꼬리표는 없어지겠거니 하고 생각을 했다.

과연 꼬리표는 몇 년 가지 않아 없어지기는 했지만, 간간이 두더쥐게임같이 다시 솟아나 나에게 "네가 하이바 던졌다는 게 사실이냐?"라고 물어보는 고참들이 있었다. 그도 그럴 수 있는 게, 그런 일을 겪는 건 당시 건설 현장에서 아주 특별한 사건은 아니었기 때문이다. 안전보건공단 산업재해통계 자료에 따르면 2009~2018년 건설 현장 사망자 수는 4,811명, 재해자 수는 23만 4,037명이다. 집계에 잡히는 안전사고가 이 정도니, 통계에 잡히지도 않은 나의 경험은 어쩌면 하이바를 집어 던질 만큼의 큰일이 아니었을 수도 있는 것이다.

하이바를 뛰어넘어서

국내 현장에 있을 때까지만 하더라도, 나는 앞에서 말한 경험이 그저 재수가 없어서 생긴 경험이려니 생각했다. 그런데 몇 년 후 중동의 어느 건설 현장에서 일을 하기 시작했을 때 나는 영국인 안전보건환경 담당 할아버지와 일을 하며 이 얘기를 나눌 기회가 있었다. 할아버지는 너무나 놀란 표정으로 자신의 생각을 이야기해주었다.

아마도 50년은 넘게 현장 경험을 했을 영국인 할아버지의 설명에 따르면, 내가 있었던 침매터널 안의 상황은 안전 측면에서 밀폐공간(confined space)으로 구분되어야 했다. 이 경우 근로자 안전을 위해 선행해서 준비해야 하는 것들이 많아야 한다는 것이었다.

밀폐공간 작업은 늘 위험이 도사리고 있어서 미리 어떤 작업을 할 것인지 작업계획서(method statement)를 작성하고, 위험평가표(risk assessment)를 준비한 후 작업허가서(permit to work)를 득해야 한다. 그리고 작업장 내에 적절한 환기장치가 있는지 확인하고, 임시 환기를 도입할 수 있는 장치도 있어야 하며, 응급상황 발생 시 자연적인 공기 공급이 제한될 수도 있으니 응급호흡장치도 있어야 한다.

또 머리, 손, 발 등이 보호될 수 있게 개인보호장비(PPE, personal protective equipment)도 구비되어야 하고, 응급상황 시 어떠한 절차에 따라 구조될 수 있는지 응급절차(emergency procedure)도 준비되어 있어야 한다. 응급상황 시 바로 대처할 수 있는 구조대원 역시 인근에서 대기를 해야 하며, 의료인력 역시 현장에 대기해야 하는 것이 원칙이라고 한다. 마지막으로 이 모든 것들은 사전 트레이닝을 통해 근로자들이 인지하고 있어야 하는데, 이 때문에 영국 같은 곳에서는 이처럼 어려운 공간의 작업을 위해서는 하루 이틀의 교육 시간이 필요하다고 한다.[1]

안전은 사회 시스템 전체의 문제로 바라봐야

돌이켜보면 나의 경우는 그러한 위험한 작업에 투입되면서 받은 안전교육은 하나도 없었으며, 그 심연의 어두움과 직면한 침매터널 속에서 안전관리자나 구조대원, 의료인력 등은 전혀 찾아볼 수 없었던 것이다. 사실 작업을 하면서도 만약 이 누수가 커져서 물이 콸콸 쏟아지면 어떻게 탈출할 수 있을까 상상하고 고민하기도 했는데, 안전의 관점에선 그러한 피난계획(evacuation plan) 역시 철저하게 준비되는 것이 정상적인 공사 현장이지 않을까 싶다.

물론 이는 10년도 훨씬 더 전의 경험이라 지금은 똑같지 않을 테지만, 여전히 영국 수준의 높은 안전규제나 제도는 마련되지 않았을 것이다. 국가통계포털에 따르면, 인구 10만 명당 산업재해 사망자 수는 우리나라가 5.8명인 데 반해 일본은 2.0명, 영국은 0.8명이다.[2] 물론 저개발 국가로 가자면 이 통계는 30명을 넘어서는데, 이런 큰 차이는 앞서 내 경험에서 보인 바로 설명될 수 있을 것이다.

2020년 초 발생한 코로나 사태를 보더라도 우리나라는 이미 선진국을 넘어서는 시스템을 구축한 측면이 분명 존재한다. 1인당 국민소득의 관점에서 봤을 때도 우리가 이미 전 세계 인구 10% 내외 수준의 선진국 반열에 들어섰다는 것을 부인하기 어려운 수준이다. 하지만 여전히 아쉬운 부분이 있다면 이와 같은 안전의 문제이다. 안전규제와 안전제도의 문제는 물론 하루아침에 좋게 바뀔 수는 없는 일이다. 앞서 설명한 바와 같이 이것은 한 사회 시스템의 문제이지 어느 한 사람의 역량 차이는 아닌 것이다.

한번은 인도에 근무할 때 어느 건설 현장을 둘러본 적이 있었다. 나는 파일 공사를 위해 벤토나이트(bentonite) 용액을 모아둔 곳에서 어느 젊은이가 수영하는 것을 보고 현지인 직원에게 저것은 무엇을 하고 있는 것이냐고 물어보았다. 그는 웃으며 인간 벤토나이트 교반기라고 대답했다. 일반적으로 벤토나이트와 같은 건설 재료는 특수 교반기를 통해 혼합시키곤 하는데, 우리나라에서 이런 일이 있었다면 정말로 경악을 금치 못했을 것이다.

한데 그 인도 시골 동네에서는 되레 이렇게 일을 시키고 하루 일당 몇천 원가량을 쥐어주면 오히려 지역 민원도 덜해진다고 하니, 참 세상은 넓고 생각하는 바는 다양하다는 것을 느낄 수 있었다. 물론 반대급부적으로 본다면, 영국의 그 안전관리 할아버지가 우리나라에 와서 13년 전 나의 작업을 보고 경악을 금치 못했을 수도 있다.

K-안전이 세계의 모범이 되는 날을 기다리며

사회생활 초년 차에 하이바를 집어 던진 나의 행동은 건설회사에서는 꽤나 금기시되는 일이었다. 그 때문에 나는 처음부터 많은 오해를 가지고 사회생활을 시작했다. 하지만 다시 그런 일이 발생하더라도 나는 아마 하이바를 집어 던질 것 같다. 그때의 내 감정은 한순간에 인생을 마감할 수도 있었을 것이라는 위기감과 현실에 대한 회한이 그만큼 만감한 것이었다.

그렇지만 하이바를 집어 던진다고 세상은 변화하지 않는다. 우리 사회에는 하이바를 뛰어넘는 무언가가 도입되어야 한다. 나는 하이바를 집어 던지고 그 상황에서 벗어날 수 있었지만, 나와 같이 작업을 하시던 아저씨는 아마 그다음 날에도 안전모를 쓰지 않고 작업을 했을 것이다.

중동에서 그 영국인 안전관리 할아버지와 같이 일을 할 때의 기억을 더듬어보면, 물론 좋았던 기억도 있었지만 안 좋았던 기억도 존재한다. 할아버지와 그 부하 일당(?!)은 수시로 현장에 찾아와 공사 중지를 명령하고 갔다. 공사를 정해진 기간 안에 완료해야 하는 담당자 입장에서 그 안전팀의 존재는 여간 성가신 게 아니었다. 틈만 나면 나와 그분들의 의견 충돌이 발생했고, 우리는 어떻게 하면 공사를 계속 진행할 수 있을는지에 대해 논의를 멈추지 못했다.

이 문제에 관해서 안전팀 측은 우리 쪽 현장소장이나 본사 임원이 와도 한 치의 양보가 없었다. 현장을 총괄하는 현장소장 역시 그 영국인 안전관리 할아버지의 눈치를 볼 정도였다. 원칙을 넘어서는 어떤 것도 그 할아버지에게는 통하지 않았다. 나는 한국의 수많은 안전관리자들에게도 그러한 원칙과 권한이 주어지길 바란다. 그래야 우리네 산업 현장도 조금 더 안전한 곳으로 변모할 수 있기 때문이다.

내가 현업에서 떨어져 나온 지 2년 정도의 시간이 흘렀다. 물론 내가 2년 전 현장에 있을 때만 하더라도 우리나라 산업안전 수준은 장족의 발전을 한 게 사실이다. 통계적으로도 사고성 사망십만인율은 2007년 9.1명에서 2019년 4.6명으로 절반가량 줄어들었다.[3] 물론 앞서 기술한 일본이나 영국 수치에 도달하려면 아직 먼 길이지만, 그래도 점점 우리나라 안전보건환경 수준도 나아지고는 있다.

부디 이러한 흐름이 계속되어 K-방역에 이은 K-안전이 전 세계에 모범 사례가 될 날이 오기를 바란다. 그때는 어린 시절의 나와 같이 하이바를 집어 던지는 신입사원이 존재하지 않길 기대해본다.

신뢰사회

최근에 선거를 치르고 나면 여지없이 등장하는 키워드가 부정선거 의혹이다. 이는 좌와 우를 가리지 않고, 세대를 가리지 않는다. 나는 부정선거에 동의하지 않지만, 그래도 그분들이 어떤 논리를 가지고 그러한 생각을 하는지 토론회를 통해 들여다봤다.

그분들의 논리를 투박하게 정리해보자면, 선거관리위원회도 우정사업본부도 다 믿을 수 없다는 것이 기본적인 논리였다. 누군가 매수되었을 수 있고, 누군가 목적을 가지고 투표용지를 위조하거나 바꿔치기할 수 있다는 논리로 보였다. 나는 그걸 보면서 이를 둘러싼 궁극적인 문제는 신뢰의 문제가 아닌가 싶었다.

사실 한 사회가 신뢰를 구축해 나가는 일은 매우 어려운 일이다. 얼마 전 라임자산운용 사태에서 펀드런(Fund Run) 사태가 벌어졌는데, IMF나 2008년 세계금융위기 시절에도 가장 놀라웠던 장면 중의 하나가 뱅크런(Bank Run)이었다. 뱅크런은 금융위기로 인해 은행의 예금 지급 불능 상태가 올 가능성이 높아지니 사람들이 너도나도 예금을 인출하는 상황을 말한다.

작년에 그리스 여행을 갔을 때 아테네에서 흥미로웠던 장면은 ATM기기 앞에 줄을 선 노인분들의 모습이었다. 이미 그리스 금융위기를 한참 지난 후였지만, 여전히 관성적으로 노인분들은 연금이 나오는 날이면 어서 빨리 ATM기 앞에 가서 현금화를 시킨다고 했다. 신뢰가 없어진 사회다.

브랜드 아파트를 믿지 못하겠다면

가끔 브랜드 아파트 다 필요 없다고, 결국 그런 대기업들도 일은 다 하도급 맡기고 외국인 노동자들이 만든 콘크리트를 쓴다고 폄하하는 분들이 계신다. 그렇다. 현대건설이나 삼성물산 직원들이 직접 한땀 한땀 철근을 매어 만든 힐스테이트나 래미안은 존재하지 않으며, 설령 그런 아파트가 존재한다면 수십억 원에 육박할 것이다.

그렇다면 우리는 왜 그런 브랜드 아파트에 높은 가치를 부여하고 거기에 수요가 몰리는 것일까. 신뢰다. 조금 더 전문적으로 이야기하자면 품질관리(Quality Control)다. 같은 외국인 노동자분들께서 철근을 매더라도, 시간과 비용을 더 들여 품질관리자를 많이 배치해 콘크리트 타설 전 설계도면대로 건설되었는지를 빈틈없이 확인하는 건설사가 있는가 하면, 일단 콘크리트 타설이 되면 누구도 알 수 없으니 그럼 품질 비용을 줄여나가는 건설사들도 있는 것이다.

법으로 규정되어 있는 시방기준을 아슬아슬하게 맞춰가는 건설사들도 있을 것이고, 자체 브랜드 가치를 올리기 위해 선진국 수준의 시방기준을 적용하는 건설사들도 있을 것이다. 결국 사업의 목적은 자본적 지출(CAPEX)을 낮추고 수익(revenue)을 올려서 높은 이익(earning)을 얻는 것이다. 여기서 브랜드 아파트는 품질 및 안전관리 비용, 그리고 직원의 급여 수준을 높여 자본적 지출을 다소 높이고, 분양가를 더 높게 산정하여 수익을 높이는 식으로 이익 규모를 유지한다고 볼 수 있다.

거기에 입지가 좋은 재건축이나 재개발의 경우 기업신용등급이 중요한데, 수천억 원의 공사 비용을 가급적 부도 가능성이 낮은 건설업체에게 맡기고 싶은 것이 합리적인 의사결정일 것이다. 결국 균질하고 고품질의 아파트를 좋은 입지에 계속 공급하는 것은 브랜드 아파트의 몫이고, 그 브랜드는 높은 분양가임에도 수요를 창출시킬 수 있는 원동력이 된다.

만약 이 브랜드 아파트의 품질을 신뢰하지 못하면 어떤 대안을 제시할 수 있을까. 부지정지(敷地整地, 땅을 평탄하게 고르는 작업)를 할 때, 바닥 콘크리트를 타설할 때, 철근을 맬 때, 외장재를 설치할 때, 조경을 조성할 때 일일이 수분양자들이 다 가서 확인하는 방법도 있을 것이다. 하지만 현업에 바쁜 수분양자들이 그렇게 할 수는 없는 노릇이고, 정말 그렇게 한다면 공사 기간은 두 배 이상으로 늘어날 수밖에 없다. 공사 준비가 되었는데 감리자가 늦게 와서 콘크리트 타설 시간이 늦어진다면, 레미콘 업체에서 지체보상금을 청구해 추가 비용도 발생할 수 있다.

이러한 과정이 정말 필요할까. 건설사를 믿고 알아서 하라고 한 후, 입주 전 하자점검 한 번으로 갈음하는 편이 좋지 않을까. 물론 이는 신뢰가 바탕이 되어야 가능한 일일 것이다.

사실 단독주택과 공동주택의 차이로 가면 200㎡ 이하 단독주택의 경우 건축주 직영공사도 가능하며 감리를 건축주 지정으로 할 수 있지만, 200㎡ 이상 공동주택의 경우엔 시공도 건설업 면허업체가 해야 하며 감리 역시 허가권자가 지정한 감리업체를 사용해야 한다. 전자는 비용을 아낄 수 있는 것이고, 후자는 비용이 늘어날 수밖에 없는 구조다. 하지만 비용이 늘어나는 만큼 제3자에 의한 감시가 늘어나는 것이고, 덕분에 품질에 대한 보증은 더 확실해질 수 있다.

그러니 품질의 관점에서는 일반적으로 단독주택보다 다가구 주택이 낫고, 다가구 주택보다는 아파트가 낫고, 일반 아파트보다는 브랜드 아파트가 낫다는 게 어쩔 수 없는 현상이다. 물론 평당 단가는 고려하지 않고 훌륭한 건축가와 훌륭한 시공사를 선정하여 최고급 설계, 자재만을 사용해서 지은 단독주택은 브랜드 아파트 이상의 가치를 만들어나갈 수 있겠지만, 그러한 품질의 세계는 일반적인 중산층 혹은 중상층이 꿈꾸기엔 다소 거리가 있는 것이다.

우리는 얼마나 서로를 신뢰하고 있는가

다시 부정선거로 가보자면, 만약 완벽하게 부정선거를 막으려면 사전투표부터 선거구 간 이동, 본선거 및 개표 과정에 있어 24시간 감시시스템을 가동해야 할 것이다. 하지만 지금도 선거 한 번 치르기 위해 4천억 원이 넘는 비용이 소요되었는데, 인력에 의한 감시시스템을 더 추가한다면 조 단위의 비용이 들 수도 있는 것이다.

과연 우리는 그런 소모적인 비용을 더 사용할 필요가 있을까. 우리는 그 정도도 신뢰가 없는 사회인가. 별 탈 없이 근무하면 연금까지 받을 수 있는 공무원인 선거관리위원회와 우정사업본부 직원들은 과연 부정선거를 위해 수백 수천 명이 한꺼번에 매수될 수 있는 사람들인가. 그것 참 나로서는 신뢰가 가지 않는 주장이라 할 수밖에 없는 일이다.

부디 우리 사회가 조금 더 서로를 신뢰하는 사회가 되었으면 한다.

노동의 가치,
그리고 경쟁

인도에 근무할 때 연휴를 맞이하여 바라나시(वाराणसी, Varanasi)라 하는 관광지를 방문한 적이 있다. 바라나시는 우리가 인도 하면 떠오르는 그 갠지스강에서 힌두교 제사를 지내는 유명한 성지이다. 힌두교도라면 누구나 한 번쯤 가서 목욕을 하고 싶어 하는 곳이다.

힌두교도가 아닌 우리나라 관광객들에게는 낙조로 유명한데, 나 역시 그 유명한 갠지스강 낙조나 볼까 하고 나룻배를 타러 길을 나섰다. 나는 철수 씨라 하는 한국인 게스트하우스 사장님의 나룻배를 예약했다. 인도 사람인 그 사장님은 전화 통화가 자유롭게 가능할 만큼 한국어에 능통하셨다.

나룻배를 타기 위해 강가를 따라 길을 걷는데, 수많은 인도인들이 내게 짧은 영어로 호객 행위를 했다. 나룻배가 있고, 낙조를 볼 수 있다고 말이다. 나는 예약한 배가 있으니 들은 체도

하지 않고 앞으로 걸어가서 나룻배를 탔다.

인도인 사장님 철수 씨는 노를 저으며 갠지스강에 대해 풍부한 설명을 하기 시작했다. 시바신과 강가신의 만남은 인도인에게 성스러운 탄생과 소멸의 과정을 의미한다고 말해주었고, 또 인도에는 여러 계급이 있지만, 지금은 공부를 잘하는 사람이 계급은 낮더라도 총리도 하고 돈도 많이 벌고 넉넉하게 산다고 설명해주셨다.

낙조 감상이 끝나고 우리는 철수 씨에게 각자 100루피 정도를 드렸다. 한 열 명 정도 되니 매일 1,000루피 정도는 이 나룻배 하나로 버는 것 같았다. 1,000루피씩 20일만 번다 쳐도 2만 루피인데, 이쯤이면 30만 원 정도가 돼서 인도의 웬만한 근로자의 월급 수준과 비슷하다고 볼 수 있다. 게스트하우스 수익까지 감안한다면, 아마도 철수 씨는 인도에서 꽤나 소득이 높은 편에 속할 것이다.

철수 씨의 나룻배, 서장훈 선수의 농구 기량

나는 철수 씨에게 한국어는 어디서 배우셨느냐고 물어보았다. 혹시 한국으로 유학을 다녀온 것이냐고 말이다. 철수 씨는 그냥 여기 갠지스강 변에 있다 보니 한국 사람들이 관광을 많이 하는 것 같았고, 그래서 한국어를 독학으로 배웠다고 말씀하셨다. 돈을 좀 벌고 한국에 다녀온 적은 있지만, 그것도 한

두 달 정도라고 했다.

나는 다른 나룻배들의 가격도 물어보았다. 대략 철수 씨 나룻배의 절반 가격이었다. 그리고 인도의 대다수 저학력 계층이 그러하듯, 이들은 영어조차 잘 하지 못한다. 이들은 결국 인도 역사 및 종교에 대한 설명은커녕 한두 시간 동안 그냥 노만 젓는다는 것이었다. 이런 점을 생각하면 한국인으로서 철수 씨 나룻배의 효용가치는 일반 인도인이 운영하는 나룻배의 열 배 이상이 될 수도 있다고 생각됐다. 전화로도 예약이 가능하고, 현지에서 길을 잘 몰라도 친절히 가르쳐줄 수 있기 때문이다.

참고로 갠지스강엔 나룻배가 수백 척이어서, 그냥 인도인의 설명을 듣고선 해당 배를 찾아가기가 무척 어렵다. 아울러 철수 씨는 한국어로 인도의 역사와 종교, 관습과 정치·경제 이야기까지 들려주니 그 한두 시간이 상당히 흥미롭고 재미있었다. 솔직히 나는 돈을 더 드리고 싶었다. 우리 기준에 1,600원 가량은 택시 기본요금보다 낮은 가격이 아니겠는가.

자, 여기서 만약 그 옆에 있는 인도인이 철수 씨를 보고 폭리를 취하고 있으니 당장 선박 이용 금액을 절반 정도로 낮추라고 하면 어떨까. 나룻배도 똑같은 것이고, 노를 젓는 노동도 같아 투입되는 자원은 같은데 당신은 왜 나의 이익의 수십 배를 가져가느냐 하는 논리로 말이다.

말도 안 되는 억지일 것이다. 결국 시장에서의 가격이라 함은 투입되는 재료나 인건비처럼 판매자가 투입한 자원보다는, 구매자가 해당 금액을 지불하고도 기꺼이 효용가치를 느끼는

냐 아니냐의 문제일 수 있다. 다시 이것을 노동의 관점으로 가져가본다면, 의사나 변호사가 청소미화원이나 편의점 점원에 비해 상대적으로 높은 소득을 올리는 것은 그만큼 소비자들이 기꺼이 그 높은 금액을 지불할 의사가 있기 때문이다.

몸이 아프면 조금 더 비싸더라도 명의를 찾아가고 싶은 것이, 10억 원의 소송에서 이기고 싶으면 기꺼이 1억 원도 지불하는 것이 인지상정이다. 그 사람이 아니면 대체할 수 없기에 특정 의사나 변호사의 몸값은 올라가기 마련인 것이다. 마치 보통의 인도 나룻배 사공보다 철수 씨가 두 배 정도 가격을 받아도 그 비용이 전혀 아깝지 않은 것과 같다.

얼마 전, 건물주로 유명한 방송인 서장훈 씨가 짧은 강연을 하는 것을 본 기억이 난다. 그는 본인이 빌딩을 가질수 있었던 것은 누구도 넘볼 수 없는 독보적인 국내 농구리그 득점 기록, 국보급 센터라 불릴 만큼 뛰어난 실력과 꾸준한 기량 덕분이라고 설명했다. 자기는 이게 당연한 결과라 생각한다고 덧붙이면서. 아울러 자신은 징크스를 깨기 위해 수많은 습관을 만들다 보니 결벽에 가까운 자기 관리를 했고, 덕분에 그 루틴(routine) 중엔 현재까지도 유지하는 것들이 있다고 말했다.

그렇게 훌륭한 농구선수와 평범한 농구선수의 연봉은 대략 수십 배가 넘는 차이를 보일 것이다. 하지만 아무도 그러한 연봉 차이에 대해 부당하다고 생각하진 않는다. 코트에선 5명밖에 뛸 수 없는데, 전성기의 서장훈 선수가 보여주었던 기량은 다른 평범한 두세 명의 선수보다 훨씬 뛰어나서 현격한 차이의 아웃풋(output)을 보이기 때문이다.

이 세상에서 경쟁이란 개념을 없앨 수 없다면

사회는 그러하다. 남들보다 조금 더 뛰어난 능력, 조금 더 열심히 하는 노력이 모여 그 사람의 아웃풋을 보여주게 된다. 거기서 그와 같은 장기간의 노력과 능력을 무시하고, 같은 국민이니 비슷한 수준의 소득군으로 가자고 하는 것은 오히려 역차별의 소지도 있을 수 있다.

만약 그 갠지스강의 모든 나룻배의 가격을 50루피로 통일시켰다면 철수 씨처럼 스스로 한국어를 배워 한국인들을 대상으로 장사할 사람이 생겼을까? 이리 노를 저으나 저리 노를 저으나 똑같은 임금을 받는다면, 그저 혁신이나 자기 계발은 하지 않고 힘 빼지 않으며 천천히 노를 젓는 게 가장 합리적인 판단이었을 것이다.

동물의 왕이라 할지라도 사냥을 게을리하는 사자는 굶어 죽듯이, 사람도 조금 더 나은 능력을 키워 높은 소득을 추구하고, 그로 인해 자산을 축적하려 힘쓰는 것은 자연스러운 일이다. 물론 그 과정에서 출발선의 공평, 과정의 공정 등을 지키기 위해 국가기관은 제대로 시스템을 정비해야겠지만, 이것이 결과의 평등으로 이어지면 공동체 시스템은 건강한 동력과 활기를 잃게 될 가능성이 크다.

가끔은 경쟁 자체를 사회문제의 근원으로 여기는 분들이 계신다. 그렇지만 어차피 수천만 명 수억 명이 모여 사는 국가 혹은 지구에서 경쟁이란 필수불가결한 개념이다. 올바른 공동체를 위해서 우리가 추구해야 할 것은 시작의 공정성, 평가의 공정성일 뿐이다. 경쟁 자체를 없앤다고 해서 좋은 세상이 올리는 만무하다. 이는 레닌, 스탈린의 소련이나 마오쩌둥의 중국 역사에서 확인할 수 있다.

그리고 개인의 관점에서 보더라도, 덮어놓고 당장의 경쟁을 없앤다고 그 사람 인생이 계속 행복해질 리 만무하다. 언젠가 부딪힐 경쟁이라면, 어려서부터 조금씩의 연습은 반드시 필요할 것이다.

우리 아이들이 살아갈 세상에는 어떤 기술이 필요할까

인도에서 일을 하다 보면 과거 우리나라의 풍경이 떠오를 때가 있다. 인도에는 지금도 엘리베이터에서 몇 층을 가느냐고 물어보고 층수를 눌러주는 아저씨, 버스를 탔을 때 카드 단말기를 들고 다니며 버스 요금을 받는 아저씨가 있다. 거기다 백화점에 가면 공항 검색대에서처럼 몸과 가방을 수색하는 아주머니, 백화점 안의 각 매장마다 지키고 있는 경호원 아저씨도 눈에 띈다.

거기다 렌터카를 요청하면 운전기사는 기본적으로 같이 오는가 하면, 슈퍼에서 구매한 물품을 포장해주고 자동차까지 실어다주는 아저씨도 있다. 심지어 사무실에서 커피나 차를 타고 간식을 주는 일을 하는 어린 청년들까지…. 우리나라에는 존재하지 않는 정말 다양한 직업들이 넘쳐난다.

이러한 직업들이 존재할 수 있는 이유를 찾는 일은 어렵지 않다. 인건비가 매우 낮아 그러한 사람들을 고용하더라도 기업의 영업비용에 미치는 영향이 제한적이라서 가능한 것이다. 하지만 한 명을 고용했을 때 부담해야 하는 비용이 높은 북유럽으로 가자면, 공항에 가도 딱히 짐을 들어주는 사람도 없고, 티케팅을 해주는 데스크도 없고, 개발도상국 공항에 흔한 릭샤나 택시를 대기시키고 진을 치는 사람들도 없다.

호텔이나 에어비앤비(Airbnb)를 이용하더라도 사람이 나오지 않고 비밀번호만 전화나 이메일로 알려주며, 고속도로에는 톨게이트가 없이 그저 RFID(Radio-Frequency Identification)* 로 요금만 정산될 뿐이다. 렌터카를 빌리면 당연히 내가 운전해야 하며, 누군가 운전기사를 고용한다는 것은 상상하기 어렵다. 기사를 고용하면 하루 렌터카 비용의 두세 배를 지급해야 하니 말이다.

우리의 미래엔 어떤 일자리가 남아 있을 것인가

그럼 과연 인도와 북유럽의 인건비는 얼마나 차이가 나길래 이렇게 사회 모습이 극적으로 달라지게 됐던 것일까. 보통 각국의 인건비와 같은 지표는 OECD 데이터를 통해 쉽게 비교할 수 있지만, 인도 같은 개발도상국은 OECD에 가입되지

---

* 무선인식이라고도 하며, 반도체 칩이 내장된 태그, 라벨, 카드 등의 저장된 데이터를 무선주파수를 이용하여 비접촉으로 읽어내는 인식 시스템이다.

않아 넘베오(NUMBEO)[4]와 같은 사설 데이터를 통해 비교할 수 밖에 없다.

2020년 현재 기준 넘베오에서 국가별 평균 세후 월급을 비교한 자료를 통해 보면, 덴마크가 3,196불이고 인도는 430불이다.[5] 인도도 서남아시아 국가들 중엔 잘사는 편이라서, 인근 방글라데시나 파키스탄으로 가자면 세후 월급은 각각 317불과 216불로 더 떨어지게 된다. 국가 간 물가를 고려한다 하더라도 결국 7~14배가 넘는 소득격차는 이렇게 사회 구성 자체를 달라질 수밖에 없게 만든다.

그럼에도 사람들은 당연히 우리나라가 서남아시아보다 북유럽과 같은 나라가 되길 원한다. 그런데 총론적으로는 북유럽 국가들이 훌륭하겠지만, 각론으로 따지고 들면 서남아시아 국가들이 일자리를 많이 만들어 더 좋을 수도 있는 건 아닐까? 사회가 서남아시아에서 북유럽으로 급격히 변화하면 앞서 언급한 직업들은 갑자기 자취를 감출 수밖에 없다. 그것은 누군가에게는 이점으로 작용할 것이며, 다른 누군가에게는 악영향을 미칠 수 있다. 사회의 경제가 발전해간다는 것은 그만큼 사회를 구성하는 공동체 전체가 변화해간다는 의미이기 때문이다.

그런 관점에서 보자면 우리가 생각하는 직업이나 사고의 틀은 더욱 더 전면적으로 변화해가야 할 것이다. 나만 해도 벌써 1인당 명목 기준 국민소득이 127만 원 수준의 시대에 태어나서 지금 3천만 원을 훌쩍 뛰어넘는 시대에 살고 있는데,[6] 두 사회는 아마도 같은 사회라고 보기는 어려울 것이다.

1980년대만 하더라도, 친구네 집에 가면 거실 바닥에 친구 아빠가 담배를 태우다 떨어뜨린 흔적인 '담배빵' 자국이 가득했고, 시외버스를 타면 옆자리 아저씨가 담배를 피우고 좌석 뒤 재떨이에 재를 뿌리는가 하면, 현재 인도와 같이 백화점에는 엘리베이터 버튼을 눌러주는 사람도 있었다. 물론 정수기를 사용하는 사람은 찾아볼 수 없었고, 에어컨이나 휴대폰은 사치재였다. 컴퓨터는 이제 막 8비트 도트 찍는 수준의 그래픽이었고, 당시 공무원이셨던 나의 아버지께서는 공문서를 손으로 작성하셨다. 만약 그 시절을 기준으로 내가 어떤 직업을 갖게 될 것인가에 대한 생각을 했다면 얼마나 그 시야가 제한적이었을까.

당장 당시의 공문 잘 쓰는 직원은 글씨를 잘 쓰는 사람이었겠지만, 현재는 워드나 엑셀과 같은 사무자동화 프로그램을 잘 다루는 사람일 것이다. 그리고 지금은 기본적인 엑셀 함수만 잘 다뤄도 업무를 하는 데 무리 없는 직원이었겠지만, 앞으로는 파이썬(python)이나 구글앱스 스크립트(script)와 같은 기본적인 프로그래밍 정도는 스스로 해야 평범한 직원이 될 수도 있는 것이다.

빠르게 변화하는 사회에서 필요한 기술이란

사회는 끊임없이 변화해간다. 더욱이 한 시대라 할지라도 다양한 공간에 따라 각자에게 보이는 모습이 상이하다. 여기서 우리 아이들에게 중요한 것은 공교육일까, 대안학교일까, 사교육일까, 아니면 다른 무엇일까. 부모 된 입장에서 나의 자녀를 생각해보면 고민해보지 않을 수 없는 부분이다.

하지만 적어도 현재의 추세로 보자면, 어떤 형태의 교육이든, 아이들이 무언가 자기만의 주특기가 없으면 먹고살기 어려워질 것이란 생각을 하게 된다. 복지국가로 간다면 사회안전망은 유지되겠지만, 단지 그 안전망의 경계에 기대어 사는 사람들의 삶의 만족도가 그리 높지는 않을 것이다.

나는 해외 건설사업을 많이 하다 보니 북유럽 프로젝트도 몇 년간 수행한 적이 있었다. 내가 담당한 프로젝트는 수십 킬로미터에 이르는 해저터널이었는데, 이러한 해저터널을 짓기 위해서는 콘크리트가 엄청나게 필요하다. 이때 북유럽의 많은 콘크리트 회사를 만나고 다닌 적이 있었는데, 아무리 사회안전망이 제대로 구축된 북유럽이라 할지라도 내가 콘크리트를 생산하기 위해 골재나 모래, 시멘트를 대량 구매하겠다고 하면 대부분 열과 성의를 다해 설명해주던 기억이 난다. 지구 반 바퀴를 돌아 우리 회사에 오겠다고도 하고, 내가 출장을 가면 버선발로 찾아와 공장 시설을 소개해주기도 했다.

그들도 그렇듯 좋은 사회에 거주하기는 하지만, 회사의 매출을 늘리고 영업이익을 늘려 부가가치를 창출해야 하는 기본적인 목표는 우리와 비슷한 것이다. 세계 최고의 투자자인 미국의 워런 버핏(Warren Buffett)은 자신이 보유한 회사의 CEO는 이미 부자들이지만 그렇다고 해서 이들이 일에 흥미를 잃을 위험은 없다고 말한다. 이들이 일하는 이유는 일을 사랑하고 탁월한 실적을 통해 전율을 느끼기 때문이란다.

결국 사회가 아무리 좋아지더라도, 1인당 국민소득이 아무리 늘더라도, 미국의 CEO와 같이 천문학적인 소득을 올리더라도, 각자 자기 직업을 가지고 세상을 살아가야 한다는 명제는 변하지 않을 것이다. 그리고 그 직업의 종류는 시간이 지남에 따라 계속 변화할 것이다. 그러한 흐름에 맞춰 우리는 우리 아이들에게 어떤 교육을 제공해야 할 것인가에 대한 고민은 늘 필요한 것이다.

우리 아이들이 살아갈 시대에는 어떤 기술이 필요할까. 현재의 단순 작업을 반복하는 직업은 앞서 서남아시아와 북유럽 차이에서 보이는 바와 같이 역사 속으로 사라질 수 있다. 인간의 창조적인 지식이 기반되지 않은 작업은 AI로 대체될 것이고, 힘을 쓰는 작업은 로봇으로 대체될 가능성이 높다.

그렇다고 비관에 빠질 필요는 없다. 결국 어떠한 사업을 하거나 정책의 방향을 결정하는 것은 여전히 인간의 몫일 것이기 때문이다. 이렇게 변화되는 사회에서 필요한 기술은 꾸준한 학습능력과 말랑말랑하게 대처할 수 있는 창의적인 능력이 아닐까 싶다. 물론 그 학습능력의 기반은 언어와 수리력이 밑바탕되어야 할 것이고 말이다.

다가올 미래를 준비하는 우리의 자세

애플의 최근 연차보고서(annual report)를 들여다본 적이 있는가. 2019년 그들의 보고서에 따르면 지난 3년간 아이폰의 순매출액은 1,393억 불에서 1,424억 불로 약 2.2% 상승하는 데 그쳤다.[7] 하지만 그들의 전체 순매출액은 2,293억 불에서 2,602억 불로 13.5%가량 상승했는데, 이처럼 전체 매출액이 상승하게 된 데는 웨어러블(wearables) 부문 매출액 상승이 주요한 영향을 미쳤다.

같은 기간 이 웨어러블 부문의 매출액은 128억 불에서 245억 불로 무려 191.4%의 상승을 보여줬다. 거기에 매출 총이익률이 63% 대에 이르는 서비스 분야 역시 327억 불에서 463억 불, 그러니까 41.6%가량 상승하여 주 성장을 이끌었다. 누구나 휴대폰에 집중할 때, 애플은 애플워치나 에어팟, 혹은 TV, 뉴스, 아케이드, 카드와 같은 새로운 시장에서 그 가치를 일궈내고 있다는 말이다.

그런가 하면 마이크로소프트(Microsoft, 이하 MS)의 상황은 어떠한가. 2019년 기준 MS의 매출액 구성을 보면, 이들은 더 이상 MS오피스나 윈도우 같은 것으로 매출액을 창출하는 회사가 아님을 인지할 수 있게 된다.[8] 그들이 전통적인 매출을 창출했던 윈도우(Windows)나 서피스(Surface), 엑스박스(X-box) 등이 속한 퍼스널 컴퓨팅(personal computing)의 매출은 전체 매출액의 36.3%인 457억 불에 불과하다.

반면에 우리에게는 여전히 생소한 클라우드 기반의 오피스 365를 중심으로 한 생산성 및 비즈니스 프로세스 부문(productivity and business processes)의 매출은 412억 불이고, 더 생소한 인텔리전트 클라우드(intelligent cloud) 부문은 390억 불로 나머지 63,7%를 차지하고 있다. 이미 MS는 애저(Azure)라는 클라우드 서비스를 통해 아마존의 AWS에 이어 전 세계 클라우드 시장 점유율 2위를 차지하고 있는 것이다.

영업이익률 역시 기존 퍼스널 컴퓨팅의 경우 28%이지만, 클라우드로 가자면 36%에 이르게 된다. 최근 코로나 팬데믹으로 전 세계 사무 환경이 변화하고 있는데 여기서 마이크로소프트 팀즈(Microsoft Teams)와 같은 클라우드 기반 업무 환경은 더 발전하게 될 것이다.

마지막으로 테슬라(Tesla). 테슬라의 경우는 사업보고서보다 안전보고서(safety report)를 더 챙겨보게 된다. 2020년 1분기 기준 이들이 보여준 오토파일럿(Autopilot) 사고 데이터는 468만 마일당 1대의 사고였다.[9] 참고로 오토파일럿은 테슬라 자동차에 탑재되어 있는 ADAS(Advanced Driver Assistance System)로서, 운전자 없이 자동차가 스스로 움직이는 자율주행 시스템을 말한다.

여기서 오토파일럿보다 조금 낮은 단계의 자율주행인 액티브 모드(Active Safety feature)로 가면 199만 마일당 1대의 사고, 이것도 저것도 없는 그냥 테슬라 차량은 142만 마일당 1대의 사고 데이터를 보여준다. 비교를 위해 같은 기간 미국의 일반적인 차량의 데이터를 보여주자면 48만 마일인데, 이는 테슬라의 오토파일럿이 일반적인 차량에 비해 대략 열 배가량은 더 안전함을 말해준다.

이렇게 낮은 사고율을 보여주는 테슬라는 자신들이 가지고 있는 빅데이터를 기반으로 보험업에 진출할 수 있다는 걸 의미한다. 아직은 매출액에 자동차 제조(Automotive)가 대부분이지만, 이들도 머지 않아 애플이나 MS와 같이 본업 이상의 다른 영역에서 가치를 창출할 가능성이 충분하다. 물론 그러한 무형자산의 영역은 애플이나 MS의 사례에서 보여주듯 이익률이 훨씬 더 높아질 것이다.

변화의 속도가 버겁게 느껴지더라도

이처럼 우리가 알고 있는 전통적인 기업들 역시 새로운 시장 창출을 통해 이익을 발생시켜 나가고 있고, 누구도 진입할 수 없을 것이라 했던 기존 자동차 제조업 역시 테슬라라는 메기 한 마리가 휘젓고 다니는 중이다. 그리고 이들의 공통점은 모두 미국, 거기서도 실리콘밸리를 중심으로 하는 서부에 위치하고 있다는 것이다.

육지 면적이 약 1.5억km^2에 이르는 지구라는 큰 행성 위의 그 0.004억km^2밖에 되지 않는 캘리포니아에서는 대체 무얼 하고 있는지, 그리고 앞으로 무얼 하게 될 것인지 궁금해지게 된다. 구글과 아마존, 그리고 앞에 언급한 세 회사가 창출해 나가고 있는 세계는 어떤 세계일까, 그리고 우리 혹은 우리 다음 세대는 어떻게 그 세계를 준비해 나가야 할 것인가.

1980년대 컴퓨터라는 것이 생소할 시절, 공무원이셨던 아버지의 사무실에 들렀던 기억이 난다. 우리 아버지는 글씨 하나는 어디 가서 빠지지 않을 정도로 잘 쓰셨는데, 젊은 시절부터 군청 서기를 하시다 보니 매일 하는 일이 그 문서를 작성하는 일이라고 하셨다. 대외로 나가는 문서는 대부분 글씨를 제일 잘 쓰는 아버지가 쓰셨다고 한다.

하지만 어느 순간 사무실에는 타자기가 들어오기 시작했고, 이내 컴퓨터라 하는 이상한 모양의 기계가 들어오며 더 이상 글씨를 잘 쓰는 일은 특기가 아니게 되었다. 지금 혹시 어느 신입사원이 와서 자기 특기가 글씨를 잘 쓰는 것이라고 한다면 얼마나 황당하겠는가.

그런가 하면 나에게 토질역학을 가르쳐 주시던 교수님의 미국 유학 시절 이야기를 들어봐도 재미있다. 그때만 해도 개인

컴퓨터가 없어서 늘상 OMR 카드 같은 것을 이용해 학교 중앙 컴퓨터실에 가서 제출한 뒤 하루 이틀 후 결과를 확인하는 방식으로 수치해석을 하셨다는 것이다. 행정병으로 2000년대 초반 군 생활을 했던 나는 주로 워드나 엑셀, 파워포인트를 다루는 일을 했는데, 그때만 하더라도 군대 간부들은 손으로 쓱쓱 설명하고 행정병들이 그것을 전산화하는 작업을 했다. 당시는 회사에서 부장님들이 엑셀 함수는커녕 매크로(Macro)도 건드리지 못하던 시기였던 것이다.

하지만 지금은 대부분의 회사 부장은 물론 임원들도 간단한 PT는 스스로 만들고, 엑셀을 통한 통계분석 정도는 알아서 하는 시대다. 초등학생인 우리 집 아이들 역시 스스로 프리젠테이션 파일 정도는 만들어 숙제를 제출하는 시대가 되었다. 이러한 속도가 가끔 버겁게 느껴질 때가 있기는 하다. 하지만 우리나라뿐만 아니라 전 세계가 그러한 변화를 하고 있는데, 한 사람의 개인이 그 흐름을 거스르기는 어려운 일이다.

이전 세대가 뒤늦게서야 엑셀을 배웠던 것처럼

앞서 언급한 세 회사는 물론이요, FANG기업이라 하는 페이스북, 아마존, 넷플릭스, 구글의 공통점이라고 한다면, 모두 인공지능(AI, artificial intelligence)과 딥러닝(deep learning), 데이터 사이언스(data science)를 기반으로 사업을 한다는 점이다. 이제는 단순 업무의 경우 RPA(robotic process automation)•를 통해 실시하고, 운전은 오토파일럿이 하고, 자막은 딥러닝 기반 오토캡션(automatic captioning)•• 기술이 하고, 가상발전소(VPP)•••가 인공지능 솔루션을 통해 에너지를 효율적으로 관리하는 시대가 오고 있다는 말이다.

여기까지 얘기하면 수많은 학부모분들께서는 그럼 이제 아이가 코딩학원을 다녀야 한다고 생각하거나, 딥러닝학원 또는 AI학원을 알아보려고 할 수도 있다. 하지만 그것도 제대로 들여다보면 딱히 그런 차원의 것들은 아니라는 것을 확인할 수 있다.

먼저 인공지능을 보자면, 이는 CNN(convolution neural network)••••이라 하는 딥러닝 아키텍처(architecture)와 같은 것들을 통해 가능하게 되는 것이다. 이 작업은 기본적으로 콘볼루션(convolution)과 풀링(pooling) 작업의 반복을 통해 이미지를 숫자, 그러니까 행렬 매트릭스(matrix)로 변환하는 작업을 거친다. 여기서 조금만 들어가보려고 하더라도 선형대수(linear algebra)와 미적분(calculus), 그리고 통계적 수학이 필요한데, 이쯤되면

• 로봇 프로세스 자동화.

•• 음성인식 기술을 사용해 자동으로 동영상의 자막을 만드는 시스템.

••• Virtual Power Plan. 가정용 태양광과 같이 분산되어 있는 소규모 에너지 발전, 축전지, 연료전지 등 발전 설비와 전력 수요를 클라우드 기반으로, 즉 소프트웨어적으로 통합 관리하는 가상의 발전소

•••• 합성곱 신경망. 심층 신경망(DNN, Deep Neural Network)의 한 종류로, 하나 또는 여러 개의 콘볼루션 계층과 통합 계층, 완전하게 연결된 계층들로 구성된 신경망.

우리나라 고등학교 때 배우는 행렬, 미적분, 벡터 등은 기본적인 소양이라 할 수 있겠다.

데이터 사이언스의 경우도 누군가가 대신 해주는 개념이라기보다는 자기가 직접 설계해 나가는 것이다. 결국 본인이 모집단과 랜덤샘플링 개념을 숙지하고, 편향(bias)이나 아웃라이어(outlier)를 제하고, 분산과 표준편차 등을 이해하며 상관분석(correlation analysis)이나 회귀분석(regression analysis)의 영역까지 가야 비로소 예측이라는 것을 할 수 있다는 말이다. 여기서 csv(comma-separated values) 파일과 같이 자칫 엑셀로 열었다가 컴퓨터가 멈춰버릴 수도 있는 수준의 빅데이터를 다루려면 파이썬이나 R과 같은 범용 개발언어를 숙지하는 일은 필수적인 것이다.

물론 모든 사람들이 이러한 수준의 고급 스킬을 습득할 필요는 없다. 다만 본인이나 본인의 회사 목표가 앞서 언급한 FANG 기업 수준의 글로벌 탑티어(global top-tier)라면, 시대가 변함에 따라 그처럼 또 다른 가치 창출을 해 나가는 회사가 되길 원한다면 이러한 기술의 습득은 피할 수 없는 일이 될 것이다. 그리고 자녀교육의 관점으로 가자면, 결국 인공지능이나 딥러닝을 배우고 사용하기 위해서는 영어와 수학이라는 도구가 필수적일 텐데, 나중에 철들어서 스스로 이러한 도구를 익힌다 하더라도 역시 기본 밑바탕은 있어야 가능하리라.

부디 그런 차원에서 우리는 어떤 미래를, 어떤 자세로 준비해야 하는지에 관해 곰곰이 생각해봐야 할 것이다. 물론 나도 건설을 전공한 보통 사람이며, 우리 아버지 세대가 엑셀과 파워포인트를 배워 간 바와 같이 파이썬과 인공지능을 기초부터 시작하고 있을 뿐이다. 그렇게 다가올 미래를 준비하는 일은 우리 모두에게 해당되는 것이라 생각한다.

내가 누리는 것과 누리지 못하는 것

20여 년 전 대학에 입학한 나는 많은 대학생이 그러하듯 입학과 동시에 과외로 용돈을 마련하기 시작했다. 공무원이던 아버지 덕에 학자금은 당시 대여학자금 제도를 통해 해결했으니 당장의 문제는 없었고, 이제 성인이니 내 밥벌이는 내가 해야 한다는 기본적인 생각이 기저에 깔려 있었다.

성인이라면 무릇 스스로 밥벌이를 해야 한다는 생각은 군대에 가서도 늘 나를 지배했다. 20여 년쯤 부모의 우산 밑에서 살아왔지만, 세상 속에 홀로 남겨진다면 나는 얼마큼의 가치를 생산할 수 있는 존재인가에 대한 고민을 멈추지 못했다. 그래서 보름 정도인 상병 휴가 때도 번역 아르바이트를 했고, 말년 휴가 때 이미 면접을 보고 제대 직후 보습학원에 취직해 복학하기 전까지 아이들을 가르치기도 했다.

문제는 이러한 흐름이 전공 공부에 여념이 없던 복학생 시절까지 이어졌다는 것이다. 안 그래도 따라가기 힘든 전공과목

시험 준비 기간이 과외시간과 겹치면 가끔 하염없이 답답해지기도 했다. 나의 과외 장소는 늘 인천이었고 학교는 서울에 있었던지라, 학교 도서관에서 공부하다가 과외를 하러 다녀오면 보통 왕복 여섯 시간 정도는 길거리에서 허비했기 때문이다.

특별히 머리가 좋은 것도 아니고, 시험 기간 남들 공부하는 시간에 돈을 벌고 오면 또 경쟁자인 학우들을 따라가려고 새벽까지 공부해야 했다. 그렇게 새벽 별을 보며 터벅터벅 자취방에 갈 때는 생활비를 스스로 벌어야만 했던 상황이 너무나 원망스럽기도 했다.

지금 학점으로 졸업하면 괜찮은 곳에 취직하기는 어려울 텐데, 이럴 땐 그냥 부모님께서 용돈을 주시며 공부에만 전념해주라고 해주면 얼마나 좋을까, 하는 생각을 자주 했던 것 같다. 자취방도 누군가 서울에 이런 곳이 있느냐고 물어볼 만큼 노고산 산자락 외진 곳에 위치해 있었다. 앞에서 보면 1층이고, 뒤에서 보면 지하 3층 정도 되어 볕도 잘 들지 않는 곳이었다.

그렇게 여름이면 벽에 피어나는 곰팡이를 보며 미래에 대한 불안감을 떨치지 못했던 기억이 난다. 내 자취방은 보증금 100만 원에 월세 20만 원이었는데, 그조차도 부담스러워 친구와 같이 사이좋게 10만 원씩을 나눠 냈다.

상대적 박탈감이라는 '마음의 덫'

몇 년 전, 남아프리카 공화국에 출장을 가 있을 때였다. 명함을 주고받는데, 상대방 명함의 이름 앞에 'Bachelor(학사 학위 소지자)'라는 단어가 인상적이었다. 한국에서는 보통 박사 정도는 돼야 명함에 학위를 넣어 전문성을 보여주는 게 일반적이지만 이 나라에서는 '학사'도 명함에 표시하고 있었다. 궁금해서 OECD 자료를 찾아보니 이 나라의 34세 이하 성인의 고등교육 이수율은 6%에 불과했다.

대학진학률이 세계 최상위권인 한국에서는 대학 진학이 보편적 권리일지 모르겠지만, 남아공 혹은 그 이하의 저개발국가에서는 여전히 대학 교육 자체가 보통 사람들은 누리지 못하는 특별한 전문가 과정일 수도 있다. 사실 한국도 1990년대 초반 고등교육기관 취학률은 20% 초반에 불과했다.

인도에서 근무할 때 공사를 하기 위하여 부지정지 작업을 계약한 적이 있었다. 이때 인도의 근로자 노무비용을 보고 깜짝 놀랐다. 하루 종일 늪지에서 숲을 베던 그들의 일당은 한화로 4천 원이 조금 안 되는 수준이었다.• 시급이 아니라 일당 말이다. 일요일만 쉬고 한 달에 25일 내내 일을 해도 10만 원을

• 「The Bihar Minimum Wages Notification 1st April 2020」에 따른 인도의 미숙련 노동자(Unskilled labor) 기본 일당은 237루피이다. 이는 한화로 환산 시 약 3,800원가량이다. (2020년 4월 기준)

못 번다는 말이었다. 물론 이들은 대학 교육은커녕 정규 교육 과정 자체를 받아본 적도 없고, 기술적 지식은 거의 없는 사람들이었다.

하지만 그렇게 기술적 지식이 없는 건 본인의 노력과 상관없이 태어난 나라와 집안의 차이에 기인한 것이다. 같은 인도에서도 부유한 집에서 태어난 사람은 다섯 살 때부터 학교를 들어가 스무 살이 채 되지 않아 대학에 진학한 후 실리콘밸리로 취직하는 경우가 꽤 많이 있다. 양극화는 그런 개발도상국에서 더 크게 나타나게 된다.

몇 년 전 화제가 됐던 공무원시험 준비생의 쪽지가 있다. "죄송한데 공시생인 거 같은데 매일 커피 사들고 오시는 건 사치 아닐까요? 같은 수험생끼리 상대적으로 박탈감이 느껴져서요. 자제 좀 부탁드려요." 이 쪽지를 보며 과거의 내가 떠올랐다. 같은 공무원시험 학원에서 공부를 하고 있다면, 대략 집안일을 책임지지 않아도 되고 취직을 하지 않아도 먹고사는 데 큰 문제가 없다는 점에서 분명히 비슷한 사람들일 텐데, 그 커피 한 잔에 꽂혀 자신의 박탈감을 지나치게 과대 해석하는 게 아닐까.

같은 서울 노량진 독서실에서 공부하는 20대 중·후반의 공시생에게 상대적 박탈감을 느낄 때, 오늘도 울산이나 여수의 공장에서 야간작업하며 하루를 살아가는 동년배들도 있을 것이다. 그러한 동년배가 만약 해당 공시생에게 상대적 박탈감을 토로한다면 그는 어떻게 대처할 것인가. 만약 인도에서 시급이 아닌 일당 4천 원 이하를 받으며 풀을 베고 있는 어느 20대가 해당 공시생에게 상대적 박탈감을 토로한다면 그는 과연 어떻게 대처할 것인지 궁금해졌다.

내가 누리지 못하는 것에 얽매이는 일에서 벗어나

사회학적 관점에서 보자면 이는 상대적 박탈감(relative deprivation)으로 표현될 수 있을 것이다. 인간은 누구나 자신과 비교되는 다른 집단 및 개인의 상황을 바라보며 박탈감을 느낄 수밖에 없다. 혹은 반대급부적으로 타인의 불행을 과도하게 부각시키며 자신의 만족을 강화시키는 경우도 있으리라. 이런 건 특별히 어떤 사람이 모나거나 잘못돼서 느껴지는 감정이 아니라 지극히 일반적인 인간 심리의 한 영역일 수 있다.

하지만 어쩔 수 없이 솟구치는 인간의 본성은 자각을 통해서 어느 정도 극복할 필요가 있다. 우리는 살아가며 인간의 기본적인 일차적 욕구 혹은 생리적 욕구를 모두 만족시키진 못하며, 사회 속에서 타인과 더불어 살아가기 위해 그것을 통제하고 관리하지 않는가. 이는 내부적으로 결핍 혹은 과잉의 갈짓자 형태로 움직이며 궁극적으로는 정상 상태로 수렴하게 되는데, 그런 관점에서 어느 정도 자기 감정을 조절할 필요가 있지 않을까 싶다.

중요한 것은 시야다. 내가 누리지 못하는 것에만 시야를 집중하다 보면, 혹여 나중에 더 윤택한 생활을 하더라도 계속해서 그 좁은 시야에 갇히게 될 가능성이 농후하다. 사회생활을 하다 보면 거의 모든 조건이 같은 상황에서도 넓고 긍정적인 시야와 관점을 보이는 사람이 있는가 하면 매사에 좁은 시야로 부정적인 태도만을 보이는 사람도 있다. 후자에 속하는 사람이라면 좋은 학교를 졸업하더라도, 좋은 직장에 다니더라도, 윤택한 노후를 누리더라도, 계속해서 불만 섞인 자아와 마주칠 수밖에 없다.

살다 보면 가장 중요한 인생의 자세는 자존감(Self-esteem)을 높이는 것이라 생각한다. 나의 존엄성이 타인들에 의해 재단되는 것이 아니고, 나 자체의 성숙된 사고와 가치에 의해 얻어지는 영역이기 때문이다. 물론 이러한 자존감이 객관적 자아 인식을 근간하지 않으면 '근자감(근거 없는 자신감)'으로 이어질 가능성이 있지만, 어느 정도의 '근자감'은 없는 것보다 있는 편이 개인에게 바람직하다고 본다. 그런 차원에서 보자면 내가 누리지 못하는 것을 갈망하고 원망하기보다 내가 누리는 것, 내가 스스로 얻어낸 나의 가치를 정직하게 인식할 필요가 있을 것이다.

세대론에 대한 단상

같은 시대를 살며 공통의 의식을 가지는 비슷한 연령층의 사람들을 '세대'라고 한다. 우리나라 근현대사를 톺아보면 각 세대는 다 나름의 어려움을 극복하며 살아왔다.

1950년대생들은 한국전쟁 이후 폐허가 된 나라에서 태어나 보릿고개로 대표되는 기근을 거치며 힘겨운 유년 시절을 보냈으며, 1960년대생들은 유신독재의 그늘에 자유를 잃고 '타는 목마름으로' 젊은 시절을 보냈다. 1970년대생들은 국제통화기금(IMF)의 구제금융을 받았던 1997년 외환위기로 인해 사회 진출에서 어려움을 겪었고, 1980년대생들은 본격적인 청년 실업의 벽을 체감했다. 그런가 하면 1990년대생들은 두 자릿수에 이르는 청년 실업률로 '단군 이래 부모보다 못사는 세대의 출현'이라는 자조를 현실로 받아들이고 있다.

1980년대 초반에 태어난 나만 해도 미취학 아동인 시절에 경험한 87 항쟁의 최루탄을 기억한다. 엄마 손을 잡고 대전시청에서 공문서를 발급받기 위해 나왔던 그때, 중앙로의 너무 많은 시위대와 경찰 인력을 보고 엄마는 혼비백산이 되어 나를 근처 빵집에 들여보냈다. 빵집 아주머니는 최루탄 때문에 엉엉 울던 나를 선풍기 앞에 앉히고 눈물을 닦아주었다. 그때만 해도 대전시청은 지금처럼 둔산동이 아니라 중구 대흥동에 있었는데, 1987년의 6월 항쟁은 서울뿐만 아니라 대전을 비롯한 전국 도시에서 동시다발적으로 일어났던 것이다.

당시만 하더라도 반독재, 반민주를 위해 시민들이 목숨을 걸고 싸워야 했을 때였다. 그때의 항쟁이 없었다면 우리는 여전히 대통령을 직선제로 뽑지 못하고 있었을지도 모르는 것이다. 또 1980년대 후반까지만 해도 인신매매가 극성인 시절이 있었다. 좌우간 그렇게 혼란했던 '나쁜 놈들 전성시대'가 현재와 같이 안정화된 것도 감사한 일이라 생각한다.

우리 안의 층위는 너무도 다양하기에

이렇듯 우리나라를 살아가는 여러 세대는 저마다의 환경에 맞서 경제발전과 민주화를 일구어냈다. 사실 급속한 경제발전으로 인해 각 세대는 거의 완전히 다른 나라에서 나고 자란 것과 같다. 한국은행 국민계정상 1960년 1인당 실질 국민총소득은 129만 원인데, 이를 현재 환율로 환산해 2018년 기준 IMF의 데이터와 비교하면 탄자니아 정도가 같은 수준으로 나온다. 2018년 IMF 1인당 국민총소득 데이터에서 우리나라의 위와 아래로는 이탈리아와 스페인이 보인다. 그러니 거칠게 비유하면 한국은 탄자니아, 인도네시아, 중국, 스페인과 같은 나라에서 나고 자란 사람들이 한 공간에서 모여 사는 형국이다.

하지만 자세히 보면 각 세대에서도 소득분위는 10분위로 갈리고, 여유로운 계층과 그렇지 않은 계층으로 나누어진다. 2019년 4분기 기준 1분위 가구의 가처분소득은 65만 원에 불과한 데 반해, 10분위 가구의 가처분소득은 849만 원이다.[10] 이미 같은 한반도 안에서도 가장 잘사는 사람들과 그렇지 않은 사람들의 소득 격차는 10배 넘게 차이가 난다.

1980년대 대학진학률은 30% 대에 불과했다. 1987년에는 27.3%를 기록해 30% 미만으로 떨어지기도 했었다.[11] 당시 대학에 진학한 사람들은 베이비부머 세대로 유명한 58년 개띠 분들일 텐데, 같은 58년생 중에서도 대학을 나와 사회적 혜택을 누린 분들은 열 명 중 세 명도 안 되는 것이다. 이 세대에서 대학을 나오고, 취직을 하고, 기업에서 승진한 분들은 이 사회의 혜택을 많이 받았다고 볼 수 있지만, 같은 시기에 평화시장이나 남동임해공업산업단지에서 기름밥을 먹으며 산업을 일군 분들은 딱히 호세대를 누렸다고 보기 어렵다.

물론 당시 대학에 가신 분들도 87 항쟁 등의 격동의 시기를 보내왔을 것이다. 결국 멀리서 보면 다 같은 50대와 60대라지만 그중 대학 교육을 이수한 사람과 그렇지 않은 사람으로 나뉘고, 다 같은 20대 대학생이라지만 그중 학자금 대출을 받는 사람과 그렇지 않은 사람은 다른 삶을 살고 있을 가능성이 크다. 세대로 단정 짓기엔 그 안에서의 층위도 너무나 다르다.

안이하게 세대 담론을 꺼내드는 건 그만두어야

각기 다른 세대에 대한 한탄은 각자 자기 세대끼리 술안주 정도로 할 수는 있다. 겉으로 보기엔 별 탈 없이 살아가는 것처럼 보이는 인생들도 다 각자의 고충은 있기 때문이다. 하지만 이를 밖으로 꺼내서 '세대 담론'으로 일반화하면 곤란하다. 후세대가 전임 세대를 두고 누릴 것을 다 누리고도 아직도 놓지 않는다고 하거나, 전임 세대가 후세대를 두고 좋은 시절에 태어나 놀기만 좋아하는 세대라고 하는 식의 세대 간 갈등 조장은 결코 한국 사회에 보탬이 되지 않는다.

한가한 세대 담론 중에도 한국 사회에는 여전히 연간 2,000명에 달하는 산업재해 사망자가 존재하며, 이 중 50대의 비중은 20대의 열 배쯤 된다. 그런가 하면 늘 학력이 저하됐다며 한탄받는 현 20대들의 고등학교 시절인 2009년 경제협력개발기구(OECD) PISA 읽기와 수학 부문 순위는 전 세계 1~2위 수준이었다. 여전히 선배 세대는 이 사회를 지탱하려 고생하고, 후배 세대는 더 열심히 노력해서 대한민국의 밝은 미래를 일구어나가고 있다.

부디 다른 세대를 이해하고 공존할 방안을 고민했으면 한다.

통일이 꼭 대박은 아니겠지만

우리나라는 삼면이 바다로 이루어진 한반도에 있다. 거기에 분단의 역사를 겪다 보니 육로를 통해 타국을 가는 것이 불가능한 '섬'과 같았다. 그러다 보니 가끔 어떤 이들은 통일로 육로가 개방된다면 우리는 섬나라에서 탈출해 경제발전을 더 할 수 있으리라고 말한다.

과연 그럴까. 역사학자 이언 모리스(Ian Morris)는 그의 저서 『왜 서양이 지배하는가』에서 동양은 6세기경부터 서양을 따라잡았고, 다시 18세기에 이르러 서양은 동양을 능가했다고 설명한다. 그 이유 중 하나는 15세기 초 정화(鄭和)•의 원정 이후 중국은 해상후퇴 정책을 펼쳤으며, 비슷한 시기에 콜럼버스는 대

• 원난 성 출신의 이슬람 교도로, 영락제 때 중용되어 1405년부터 1433년까지 전후 일곱 차례에 걸친 대원정을 감행하여 동남아시아, 인도 남해안, 서남아시아의 여러 지역에 원정하였다

서양을 건너 아메리카 대륙을 발견했기 때문이라고 해석한다.

근대로 넘어서며 인류는 바다를 중심으로 무역을 했고, 이를 통해 경제를 발전시켜 왔다. 세계경제사에서 지난 반백 년간 근대화에 성공하고 경제가 급속도로 성장한 나라를 '아시아의 네 마리 용'이라 하는데, 그 네 마리 용의 특징은 모두 '섬나라 경제'라는 점이다. 대한민국, 홍콩, 싱가포르, 타이완이 그러하다. 물론 그보다 100년 정도 앞서서 근대화에 성공한 국가가 섬나라 일본이고, 과거 '해가 지지 않는 나라'의 영광을 누리던 곳도 섬나라 영국이었다.

'섬나라'라는 지리적인 위치는 현대적 관점에서 장점이지 단점은 아니다. 오히려 바다에 접하지 않은 국가들이 경제발전을 하지 못하는 경우를 훨씬 많이 볼 수 있다. 이라크도 이란, 터키 등 5개국과 육로가 이어져 있지만 쿠웨이트보다 짧은 해안선의 길이는 줄곧 경제발전의 저해 요소로 작용해왔다.

석유도 석유지만 쿠웨이트의 슈웨이크항은 후세인에게 늘 매력적인 장소로 보였을 것이다. 지금까지 이 책에서도 자주 얘기했듯 해상운송의 강점은 상상 그 이상이다. 건설공사의 주요 자재인 잔골재(모래)를 옮기는 일을 한번 들여다보자. 경기도 여주의 4대강 준설토를 트럭을 통해 육상으로 운반하여 부산으로 가져가는 비용보다, 수천 킬로미터 떨어져 있는 베트남 앞바다의 해사를 바지선으로 해상운송을 하는 비용이 더 저렴한 것이다.

우리는 진정한 공존의 준비가 되어 있는가

통일로 인한 경제발전을 이야기하며 북한의 값싼 노동력을 장점으로 보는 사람들도 있다. 그렇지만 현재와 같이 분단국가일 때 그 값싼 노동력이란 개념이 성립되는 것이지, 통일을 하고 나면 북한 사람들도 대한민국의 최저임금법을 적용받기 때문에 쉽사리 이루어지기 어려운 일이다. 연방제를 통해 당분간은 두 개의 국가 체제로 유지된다 하더라도, 통일이 된 후엔 남북한 사람들이 비자 없이 자유롭게 오갈 수 있을 텐데 이때 밀려드는 북한 주민들을 통제할 방법은 요원할 것이다.

이미 솅겐조약(Schengen agreement)•을 체결하여 자유로운 인력 교류를 실시하고 있는 유럽 주요 도시들의 빈민가를 보더라도 이를 쉽게 예측할 수 있다. 덴마크 코펜하겐 중앙역 뒷골목에는 타 유럽에서 유입된 많은 청년들이 오늘도 소매치기를 하며 살아가고 있다.

누군가 나에게 전 세계에서 가장 사회가 불안한 나라를 꼽으라면 남아프리카 공화국을 들 수 있을 것이다. 아프리카 최고 수준의 1인당 국민소득을 기록 중인 남아공이 왜 불안하느냐면, 지니계수가 0.6을 넘을 정도로 소득 격차가 큰, 매우 불평

• 유럽연합(EU) 회원국 간 무비자 통행을 규정한 국경 개방 조약으로, 솅겐조약 가입국은 같은 출입국 관리 정책을 사용하기 때문에 국가 간 제약 없이 이동할 수 있다.

등한 나라이기 때문이다. 오랜 아파르트헤이트(Apartheid, 인종격리정책)의 결과, 요하네스버그와 같은 도시에 가면 여전히 유럽 수준의 부를 유지하는 백인들과 최빈국 수준의 삶을 살아가는 소웨토(Soweto) 흑인들이 공존하며 살아가고 있다.

그런데 이 공존은 정말 말 그대로의 공존은 아닐 수밖에 없다. 당장 잘살아 보이는 사람이 길거리를 갈 때, 그의 뒤통수를 가격하여 고가의 휴대폰과 지갑만 강탈해도 1년은 먹고살 수 있는 인센티브가 존재하기 때문이다. 양복을 빼입은 사람이 요하네스버그 국제공항에서 벤츠를 타고 이동하면, 이를 뒤에서부터 노리고 차를 부수는 행위도 종종 존재한다.

실제로 요하네스버그로 출장을 간 한국의 공기업, 대기업 임원들도 그러한 범죄에 노출된 적이 있다고 하며, 남아공에 거주하는 한인들치고 강도 서너 번씩 당해보지 않은 사람은 찾기 어려울 정도다. 이 때문에 거리에는 사람들을 찾아보기 쉽지 않고, 중산층 이상의 사람들은 대부분 타운하우스처럼 경비 시설이 잘 갖추어진 단지 안에서 살아간다.

이러한 사회는 노벨문학상을 수상한 존 쿳시(John Maxwell Coetzee)의 『추락(Disgrace)』이라는 문학작품 속에서도 엿볼 수 있다. 케이프타운이란 도시 밖을 나가는 순간, 일부일처제라는 현대사회의 지극히 상식적인 시스템을 벗어난 약육강식의 사회가 펼쳐지는 남쪽의 아프리카. 그 사회는 먼 과거가 아니라 동시대를 살아가고 있는 현재의 이야기다. 당장 초·중·고교와 대학교 공교육을 같이 받고도 흙수저 금수저 하며 서로 간의 선을 그은 채 계급론적 갈등에 빠져 있는 남한 사회에서, 흙은커녕 수저조차 없을 북한 주민들과 갑작스레 합쳐진다면 과연 어떤 일이 벌어질까. 나로서는 상상이 잘 가지 않는다.

그럼에도, 한반도의 항구적인 평화를 원한다면

그런가 하면 북한의 자원을 언급하며 경제발전의 장밋빛 미래를 점치기도 하는데, 사실 자원 부국치고 선진국인 나라는 찾아보기 어렵다. 북한에 많다는 텅스텐 생산량으로 보자면, 세계 1위는 중국이며 그 뒤로 러시아, 캐나다, 볼리비아, 베트남이 뒤를 잇는다. 원유 매장량 관점에서 봤을 때 세계 Big 5는 베네수엘라, 사우디아라비아, 캐나다, 이란, 이라크이고, 천연가스 매장량 세계 Big 5는 러시아, 이란, 카타르, 투르크메니스탄, 미국이다.[12]

이들 나라들이 현재 어떻게 살고 있는지 살펴보면 북미를 제외하고서는 그리 장밋빛 미래가 아닐 수 있음을 한눈에 인지할 수 있다. 이들 자원 부국이라 일컬어지는 국가들이 우리나라보다 경제발전에 더 성공했는가. 이쯤에서 '통일이 대박'이라는 말은 신기루처럼 느껴진다.

물론 나는 통일이 돼야 한다고 생각한다. 그 이유는 통일이 대박이라서가 아니라 항구적인 한반도 평화를 원하기 때문이다. 통일이 되어도, 뉴요커가 LA를 비행기 타고 가듯이, 우리는 상하이나 모스크바에 비행기를 타고 다닐 것이다. 원유와 액화천연가스(LNG)는 해상 수송으로 조달할 것이다. 경제적 관점에서 보자면 남아프리카공화국의 아파르트헤이트 이후처럼, 통일이 되었을 때 사회 갈등이 심화되어 오히려 국가 경제가 더 어려워질 수도 있다.

하지만 그러한 사회적 비용은 한반도의 항구적 평화를 달성하기 위해서 반드시 치러야 할 과제이다. 언제까지 휴전선을 두고 서로 미사일을 겨누고 살 수는 없기 때문이다. 한번 생각해보자. 현재의 남한은 유사 이래로 가장 잘사는 한반도의 국가 형태일 수 있다. 전 세계 어딜 가도 삼성과 현대를 모르는 나라는 없으며, 경제발전과 민주주의를 동시에 달성한 나라는 이 지구 위에서 찾아보기 어렵다. 더 이상 대박을 치기도 어려운 수준이다.

통일은 대박이 아니다. 하지만 평화로운 한반도를 원한다면 통일은 그 자체로 소중한 것이다. 호들갑스럽게 대박이니 뭐니 하지 않고, 나는 그 소중한 평화를 그저 덤덤하게 찾아 나갈 수 있길 바란다.

에필로그

더 나은 미래를 생각하며

노르웨이의 댐으로부터 시작해 알프스산맥의 터널, 그리고 싱가포르의 수자원 시설을 돌아 우리나라의 인공저수지, 용적률 높은 아파트까지…. 이런 다양한 소재들을 통해 내가 말하고 싶었던 핵심은, 그래도 인류는 과학기술의 적용을 통해 조금씩 나아지고 있다는 것이었다. 비관보다는 낙관을 말하고 싶었고, 미래 도시의 디스토피아보다는 지속가능한 유토피아의 가능성을 역설하고 싶었다.

물론 보는 사람의 관점에 따라 이런 주장에 대한 반응은 상이할 수 있다. 다만 그동안 해저터널을 만들고, 지하철을 만들고, 해상교량을 만들어온 엔지니어 한 사람의 관점에서 보자면, 나는 여기에서 그간의 노력들 모두가 꼭 나쁜 토건사업은 아니었다는 말을 해두고 싶었다.

우리는 거가대교를 만듦으로써 거제도에서 부산으로 3시간가량 돌아가는 자동차 온실가스 배출을 감소시켰고, 청계천을 복원시킴으로써 서울의 생태 환경을 되살릴 수 있었다. 인천공항이 없었다면 김포공항에 더 많은 비행기가 뜨고 내려야 했으리라. 그러면 사고 리스크(risk)는 커졌을 것이며 서울 시민들은 하루 종일 비행기 소음에 시달렸을 것이다.

한국의 대표적인 산업인 반도체의 경우 항공운송을 통해 수출하는데 그 많은 물동량을 김포공항이 소화할 수 있었을까. 만약 우리 선배들이 지하구조물 건설이 문제라 인식하여 지하철 건설을 주저했다면 작금의 서울 지하철 시스템은 만들어졌을 리 만무하고, 현재의 서울은 아마도 베트남 하노이나 인도 뭄바이 정도의 오토바이 대열 풍경이 연출되었을 수도 있을 것이다. 환경만 생각하느라 발전소 건설을 게을리했다면 유럽에서처럼 폭염으로 운명을 달리하는 사람들이 속출했을 수 있고, 또 서남아시아와 같이 잦은 정전으로 인해 검은 매연을 내뿜는 디젤 발전기가 매일 가동되어야 했을지도 모르는 일이다.

* * *

나는 20년 전부터 도시계획과 토목공학을 공부하기 시작했고, 10년이 넘는 기간 동안 전 세계를 돌아다니며 인프라 구조물을 지어왔다. 돌이켜보면 내가 회사생활을 시작할 무렵인 2008년은 정치적으로 노무현 정부에서 이명박 정부로 넘어가는 시점이었다. 당시 진보적인 관점을 가지고 있던 나에게는 다소 혼란스러운 시기였다.

내가 인간적으로 매력을 느끼고 있던 정치인이나 생태학자들은 토건 경제가 나쁜 것이며, 탈토건 전환만이 이상적인 사회로 갈 수 있는 것이라 주창했다. 나는 분명히 도시계획과 토목공학을 매우 흥미롭게 그리고 열심히 배웠는데, 이 기술이 세상을 망치는 것이라 생각하니 밥벌이와 가치관의 괴리 속에서 갈등할 수밖에 없던 것이다.

당시 그러한 혼란을 겪으며 읽은 책이 있었다. 『88만원 세대』의 저자로 유명한 생태경제학자 우석훈 박사가 쓴 『디버블링』이 그것이었다. 『디버블링』의 목차 중 2장의 제목은 '토무현, 토명박, 토근혜, 그리고 토건의 완성'이었는데, 500쪽이 넘는 이 책은 그만큼 토건에 대한 나쁜 인식을 제대로 파고들었고 나의 정체성 혼란은 정점에 이르렀다. 건설산업에 대한 회의감이 팽배할 무렵 나는 회사를 그만두고 유학을 가려는 마음을 먹었는데, 그것도 경제적 한계에 봉착하여 해외 현장근무라는 돌파구를 통해 타개해보려고 했다. 당시 해외 현장에서 근무하면 국내에 비해 1.5배 이상의 급여를 받을 수 있었다. 한두어 해 그렇게 다니고 나면 유학 자금이 마련될 것이라 생각했다.

하지만 막상 해외 현장에 와보니 새벽 5시에 일어나 일주일 내내 일하는 것이 일상이 되었고, 45도를 넘나드는 중동 현장에서 그렇게 한 달을 일하고 나니 정체성 혼란 따위는 안중에도 없어졌다. 어떻게든 여기서 살아남아야겠다는 일념만 남았던 것이다. 가족과 동떨어져 숙소 생활을 하다 보니 미릿속에는 24시간 일밖에 없게 됐다. 이탈리아인, 인도인, 아랍인 등 다양한 인종들 사이에서 프로젝트를 어떻게든 제 시간과 예산에 완공하려고 2년여를 꼬박 일만 열심히 했다.

그렇게 아무것도 없는 사막 위에 2,000MW 복합화력발전소를 만들었던 바로 그때가 기억난다. 무에서 유를 창조한다는 것이 무엇인지 확실히 체감할 수 있던 순간이었다. 오만(Oman)의 수도 무스카트에서 남쪽으로 150km 떨어진 항구도시 수르는 분명히 내가 처음 아라비아반도에 왔을 때는 아무것도 없던 황무지였다. 그리고 지금은 대략 일반 가정 300여만 가구가 사용할 수 있는 전기를 생산하는 산업도시가 되었다.

당시 아라비아반도에 거주하며 나는 평생 한국이라는 인프라 선진국에서는 경험할 수 없던 일들을 많이 경험했다. 거기선 괜찮은 인프라 시설이 없으면 비가 조금만 내려도 다리가 무너지고 마을과 마을이 분리될 수 있음을 체감할 수 있었다. 담수화 시설 인프라가 없으면 맑은 물을 마실 수도 없고, 발전소가 없으면 산업을 시작할 수도 없음을 알게 되었다. 구슬이 서 말이라도 꿰어야 보배이거늘, 이라크의 경우엔 그 많은 석유매장량에도 불구하고 현대식 항구와 철도망이 없어서 수출도 하지 못했다. 중동의 거의 모든 사람들은 에어컨 없이는 생활하지 못하는데, 전기 인프라가 없었다면 여전히 중동이나 동남아시아와 같은 곳의 사람들은 문명을 이루고 살기는 어렵지 않았을까, 하는 생각도 들었다.

결국 그 토건이라 하는 인프라가 없으면 우리 인류도 지구에서 이렇게 풍족한 자원을 누리며 살 수 없다는 것을 제대로 겪어보았던 것이다. 물론 19세기 이래로 그 화석연료라는 유한한 자원 위에서 세워진 인프라는 지속가능하기 어려울 것이다. 그래서 우리는 재생에너지라는 지속가능한 에너지원을 적극 개발하고 있고, '신에너지'라는 새로운 개념의 에너지원 기술을 발전시켜 화석연료 시스템을 극복하려고 하고 있다.

지난 10여 년간 전 세계 재생에너지 설비용량은 기하급수적으로 증가했다. 에너지관리공단 자료에 따르면 2017년 재생에너지 누적 설비용량은 2,195GW로, 이는 2007년에 비해 2배 이상 증가한 수치라고 한다.[1] 여기서 절반가량은 수력발전이 차지하고, 수력발전을 제외하면 태양광과 풍력은 해당 기간 동안 약 10배에 가까운 시장 확장을 한 것으로 여겨진다. 재생에너지 시장이 성숙기에 이른 유럽의 경우는, 이미 보조금 없는 프로젝트가 등장하는 등 그리드 패리티(Grid Parity) 시대가 이미 도래하고 있다.

그래서 오랜 해외 현장 업무를 끝마친 뒤 내 생각은 이렇게 정리되었다. 에너지 효율 관점에서 보자면 우리는 삼성동 코엑스몰과 같은 지하구조물을 더 많이 만들어야 하고, 환경친화적인 관점에서 보자면 상부의 도로나 철도시설은 지하화하여 지상을 공원화할 필요가 있을 것이다. 싱크홀로 도시 안전 위기가 대두될 수 있으니 수십 년 된 상하수도 망도 싱가포르나 런던처럼 다시 재정비할 필요가 있고, 건폐율이 높은 지역은 용적률 높은 아파트 단지로 만들어 녹지를 확보할 필요도 있다. 같은 규모의 지진이 발생해도 구조물이 훨씬 많은 캘리포니아나 일본보다 개발이 더딘 아이티나 네팔 같은 곳의 사상자가 많은 것을 보면, 지속적인 민관 건설투자는 계속 이어져야 할 것이다.

* * *

마블 유니버스의 '인피니트 사가' 최종 보스는 타노스(Thanos)다. 그는 인피니티 스톤 6개를 모두 장착한 후 인피니티 건틀릿 핑거 스냅을 통해 우주 생명체 절반을 사라지게 만들었는데, 이는 이대로 가면 우주 생명체들은 자원 고갈로 인해 멸종할 수 있다는 절박한 심정에 실시한 것이다.

실제로 19세기 경제학자 멜서스는 맬서스 트랩(Malthusian Trap)을 통해 모두의 이익과 행복을 위해 저소득층 인구를 감소시켜야 한다고 주장했다고 한다. 하지만 인류는 혁신적 과학기술을 발전시켜오며 곡물 생산량 역시 기하급수적으로 만들어 오히려 기아에 처한 인구를 더욱더 줄여왔고, 현재의 지구는 19세기의 그것보다 훨씬 더 풍족한 삶을 누리고 있다. 이러한 과거를 토대로 생각해본다면 앞으로 우리가 어떤 전략을 취해야 할지 조금은 뚜렷해지는 건 아닐까.

간혹 지나치게 강경한 듯한 환경론자들은 지하공간 건설을 중단하고, 원자력과 화력발전을 모두 중지시켜야 한다고 주장한다. 하지만 그러한 사고방식은 결코 인류의 지속가능한 발전에 도움을 주지 않는다. 우리는 이미 전기가 없는 삶은 살아갈 수 없으며, 교통수단이 존재하지 않는 사회를 살아갈 수 없는 존재다. 국제무역이 사라진다면 다시 흉년과 가뭄을 걱정해야 할 것이며, 집집마다 곳간을 만들어 일 년 치 식량을 마련하며 살아야 할 것이다. 빛이 없는 밤은 늘 범죄 가능성에 노출될 수 밖에 없을 것이며, 통신이 없는 세상은 다시 권력자의 정보 독점의 세계로 인도할 것이다. 아마 그런 전근대적 사회를 다시 살고 싶은 사람은 아무도 없을 것이다.

우리는 더욱더 과학기술을 발전시켜 온실가스를 배출하지 않는 전기·수소 자동차를 타고 다녀야 하며, 그 전기나 수소 역시 재생에너지를 기반으로 생산시켜야 한다. 도시는 건물의 용적률을 높이고 건폐율을 낮추는 방식으로 녹지를 확대해 나가야 하고, 지하공간의 개발을 통해 에너지 효율과 지상공간 확보라는 두 마리 토끼를 잡아야 한다. 그렇게 지속가능한 시스템을 만들어 나간다면, 우리의 미래는 현재보다 더 살 만하게 변화해 갈 것이다.

나는 그런 더 나은 미래를 생각하고, 그 미래에 벽돌 한 장이라도 기여할 수 있도록 오늘도 노력한다. 내가 지은 해저터널과 아파트, 지하철, 해상교량, 가스발전, 풍력발전 구조물이 부디 지속가능한 지구 발전에 기여할 수 있기를 바라며 책을 마친다.

이미지 출처

19쪽: © Bair175 / Wikimedia Commons

33쪽: © 양동신

40쪽: © Zacharie Grossen / Wikimedia Commons

46쪽: © 김진 / 《e대한경제》, 「[이야기가 있는 길] 서울에서 가장 긴 공원, 경의선숲길」 2020. 6. 21.

60쪽: © 서윤영 / 《오마이뉴스》, 「패스트푸드, 패스트패션, 그리고 패스트 하우징」 2018. 10. 2.

70쪽: © 양동신

79쪽: © Herrenknecht AG

81쪽: © Courtesy of PUB, Singapore's National Water Agency

105쪽: © Pxfuel

114쪽: © 양동신

118쪽: © Accessible Archives

121쪽: © 인천연구원 / 《국민일보》, 「13세기 간척시대 연 강화도를 아시나요」 2016. 9. 13.

132쪽: © 수원시

140쪽: © Robert Campbell / Wikimedia Commons

144쪽: © Niall McCarthy / 《Forbes》, 「Air Pollution: Chinese And American Cities In Comparison [Infographic]」 2015. 1. 23.

168쪽: © 양동신

181쪽: © 네이버지도 항공뷰 / https://map.naver.com

187쪽: © Georges Seguin / Wikimedia Commons

196쪽: © 서초구 / 《조선일보》, 「"경부고속도로 지하화하고, 서울 지하철 2호선 복층으로"」 2020. 4. 12.

201쪽: © 행정중심복합도시건설청

225쪽: © 양동신

244쪽: © 양동신

247쪽: © 양동신

- 도서출판 사이드웨이는 이 책에 실린 도판의 저작권자를 찾기 위해 노력했습니다. 일부 저작권자가 불분명한 도판의 경우, 저작권자가 확인되는 대로 별도의 허락을 받도록 하겠습니다.

주

서문

1. 한스로슬링 외, 이창신 옮김, 『팩트풀니스』, 김영사, 2019 p.90-91
2. e-나라지표, '산업재해현황', '영아/모성 사망', '국내총생산 및 경제성장률 (GDP)'
3. 윤대원, 「태양광 설비 가격 하락…그리드 패리티 달성 이끈다」, 《전기신문》 2020. 4. 10.

1부: 겨울왕국에 정말로 댐이 사라진다면

1. Gwladys Fouche, 「Disney's 'Frozen 2' thrills Sámi people in northern Europe」, 《REUTERS》 2019. 11. 29.
2. Wikipedia, 'Alta controversy'
3. Antti Eloranta, 「Restoration potential of old dams in Norway」, 《Norwegian Institute for Nature Research》 2019. 3.
4. IEA, 「Energy Policies of IEA Countries - Norway」 2017. 10.
5. 이방훈, 「수력발전과 댐의 어제와 오늘」, 『대댐회지 Vol.36』, 한국대댐회, 2012. 11.
6. 김종식, 「수서~평택 21분 주파… 내달 개통 수도권 고속철 타보니」, 《연합뉴스》 2016. 11. 10.
7. F. Tarada and M. King, 「Structural Fire Protection of Railway Tunnels」, 《Railway Engineering Conference, University of Westminster, UK》 2009. 6. p.24-25
8. 정회훈, 「[국토교통부, 해양수산부 공동기획] 섬에서 미래를 찾다: '천사대

교' 날개 단 신안에선…」, 《건설경제신문》 2019. 4. 3.
9. https://www.myswitzerland.com/ko/
10. Wikipedia, 'List of long tunnels by type'
11. 대한민국 정책브리핑, 「교통수단별 온실가스 배출량 현황은?」, 국토해양부 종합교통정책과 2010. 10.
12. 한국민족문화대백과사전. '을축년홍수(乙丑年洪水)'
13. 서울정보소통광장. '반포천 유역 분리터널 건설공사'
14. 질병관리본부 국가건강정보포털, '생활 속의 라돈'
15. 「BMJ readers choose the "sanitary revolution" as greatest medical advance since 1840」, 《the British Medical Journal》 2007. 1. 18.
16. 환경부·한국환경공단, 「2017년 전국 폐기물 발생 및 처리 현황」 2018
17. 동양시멘트, 「포틀랜드 시멘트의 제조」
18. 신공항건설공단, 『인천국제공항의 연약지반개량』 1998 p.8
19. 「88올림픽 고속도로 백 75.2km, 전구간 시멘트 포장」, 《중앙일보》 1982. 5. 24.
20. e-나라지표, '국내총생산 및 경제성장률(GDP)'
21. Department of Statistics Singapore, 'Households data: Home Ownership Rate'
22. PUB(Singapore's National Water Agency), 'Deep Tunnel Sewerage System', Overview, Phase 1
https://www.pub.gov.sg/dtss/phase1
23. 국가수자원관리종합정보시스템(WAMIS), '가압장시설 현황'
24. 김상훈, 「싱가포르-말레이시아 '물값 분쟁' 재점화 조짐」, 《연합뉴스》 2018. 6. 26.
25. Wikipedia, 'Water supply and sanitation in Hong Kong'
26. Wikipedia, 'List of longest suspension bridge spans'
27. 박재명, 「"정부가 공사기간 늘려놓고 부담 전가" 뿔난 건설사들」, 《동아일보》 2018. 11. 21.
28. 여운창, 「'밑 빠진 독' 200억 원 공사비 5년 만에 300억 원으로 껑충」, 《연합뉴스》 2016. 5. 15.
29. https://virginhyperloop.com/
30. 여홍구·박상준·양인석, 「수도권 광역급행철도(GTX) 건설사업 예비타당성조사 보고서」, 한국개발연구원 2014. 1. 31.
31. 김영주, 「한국, 발전 가스터빈 5대국가 됐다… 두산중 "10조 원 수입대체"」, 《중앙일보》 2019. 9. 19.
32. 이율, 「세계 원전 절반 지은 130년 전통 美 웨스팅하우스 몰락 이유는」, 《연합뉴스》 2017. 3. 29.
33. 장원재·박민우, 「세계 원전 절반 설계한 웨스팅하우스 파산」, 《동아일보》 2017. 3. 30.

2부: 인공적인 것은 아름답다

1. Brian C. R. Bertram, 「Social factors influencing reproduction in wild lions」, 《Journal of Zoology》 1975. 12.
2. e-나라지표, '영아/모성 사망'
3. 한국민족문화대백과사전. '돌상'
4. 국가기록원, 「식량증산-시기별 정책과 특징」 http://theme.archives.go.kr/next/foodProduct/viewMain.do
5. 한국과학창의재단, '하상계수(Coefficient of river regime)', 《사이언스올》 2015. 9. 9.
6. 국사편찬위원회, '교과서 용어 해설: 이앙법(移秧法)'
7. 주강현, 『두레(농민의 역사)』, 들녘, 2006 p.125
8. 홍금수, 「강화도는 땀과 눈물로 억척스럽게 일구어낸 간척섬이다」, 문화재청 《월간문화재사랑》 2013. 5.
9. 페르낭 브로델, 주경철 외 옮김, 『지중해: 펠리페 2세 시대의 지중해 세계 1』, 까치, 2017 p.76-83
10. 수원문화원, 「정조대왕의 능행길」 http://www.suwonsarang.com/mp14_jungjo/02_yrotsih/yrotsih_04.php
11. 유봉학 외, 『정조시대 화성 신도시의 건설』, 백산서당, 2001 p.65
12. Wikipedia, 'History of Port of Los Angeles'
13. Niall McCarthy, 「Air Pollution: Chinese And American Cities In Comparison」, 《Forbes》 2015. 1. 23.
14. 서울시 미세먼지정보센터, 「대기오염 사건-런던/LA 스모그 사례」
15. 『팩트풀니스』, p.195
16. David Smith, 「Coca-Cola accused of propping up notorious Swaziland dictator」, 《The Guardian》 2012. 1. 2.
17. 김미득, 「이라크 움카스르항 처리 물동량 증가」, 《해사신문》 2008. 7. 15.
18. 김두얼·류상윤, 「한국에 제공된 공적개발원조: 규모추정 및 국제비교」, 한국경제학회 《경제학연구 62권 3호》 2014. 9.
19. 사단법인 건설컨설턴츠협회 편집부 엮음, 김정환 옮김, 『세계의 토목유산: 일본 편』, 시그마북스, 2012 p.10

3부: 도시란 우리에게 무엇인가

1. 장동훈·나길수, 「아파트 공급면적 변동추세에 관한 연구」, 한국부동산학회 《부동산학보 55권》 2013. 12.
2. 신성해, 「프랑스의 주거계층분화와 공공정책에 관한 고찰: 사회주택을 중심으로」, 국토연구원 《국토 Vol.291》 2006

3. Edward L. Glaeser, 「The Lorax Was Wrong: Skyscrapers Are Green」, 《The New York Times, Economix Blog》 2009. 3. 10.
4. KOSIS, 「1인당 자동차 등록대수(시도/시/군/구)」 참조
5. A Singapore Government Agency Website, 「Land Transport Master Plan 2040」, Land Transport Authority, 2020. 1.
6. TAAS(Traffic Accident Analysis System) 교통사고분석시스템, 「시도별 교통사고(광역)」, 도로교통공단
7. Jesper Kroyer, 「덴마크, 중대형 가솔린 車에 유리하게 자동차세 개편」, 《KOTRA 해외시장뉴스》 2017. 10. 17.
8. OECD Family Database, 「LMF2.6 Time spent travelling to and from work」
9. 이민정, 「대한민국 직장인, 출퇴근 시간 '평균 103분'…길 위에선 뭘 할까」, 《중앙일보》 2019. 3. 7.
10. 국가지표체계, 「최저임금 일반현황」
11. 대한건설협회, 「건설업 임금실태조사 보고서」
12. 한국은행 홈페이지, '통화정책 운영체제: 물가안정목표제'
13. Federal Reserve Bank of St. Louis, 「S&P/Case-Shiller CA-San Francisco Home Price Index」
14. Carlos Waters, 「California Home Prices Are Soaring. Here's Why」, 《Wall Street Journal》 2019. 3. 8.
15. 통계청 및 한국은행, 「국민대차대조표: 주택 시가총액(명목, 연말기준)」
16. Benjamin Parkin, 「How India's tallest building ended as an unfinished construction site」, 《Finacial Times》 2019. 7. 14.
17. 최효식, 「인도 비은행 금융권(NBFC) 리스크, 현지 시장진출 신중 기해야」, 《KOTRA 해외시장뉴스》 2019. 10. 16.
18. 황정환·구은서, 「'죽음의 하천' 안양천의 변신…구로구, 20년 노력에 날아온 백로」, 《한국경제》 2017. 1. 17.
19. 안양시 홈페이지, '안양천 생태이야기관: 안양천의 위기'
20. 국토교통부 간선철도과, 「국토교통부 정책 Q&A: 철도의 분류 Q&A」, 2016. 3. 22.
21. 이유정·최진석·배정철, 「공공재건축 땐 35층 제한 해제…잠실, 은마 50층 길 열리나」, 《한국경제》 2020. 7. 26.
22. https://www.squarefoot.com.hk

4부: 보이지 않는 것들의 힘

1. Public Health Scotland, 「Confined spaces」, Healthy Working Lives https://www.healthyworkinglives.scot/workplace-guidance/safety/confined-spaces

2. KOSIS, 「근로자 십만 명당 치명적 산업재해 수(OECD)」, 국제비교를 위해 2014년 통계치를 적용했고 2019년 고용노동부 산업재해 현황분석 기준으로는 4.6명이다.
3. e-나라지표, '산업재해현황', 사고성 사망만인율을 십만인율로 환산 적용했다.
4. 글로벌 도시물가 통계 정보제공 사이트
https://www.numbeo.com/
5. 참고로 본 사이트에서 대한민국 월평균 소득은 세후 2,241불(약 274만 원)인데, 통계청에서 발표한 '2018년 임금근로 일자리별 소득 결과'에 따른 세전 평균 소득 297만 원과 비교해보면 어느 정도 정확도는 있는 것으로 보인다.
6. 한국은행 국민계정 및 통계청 장래인구추계, '국내총생산(1인당 명목)'
7. https://investor.apple.com/investor-relations/
8. https://www.microsoft.com/en-us/Investor/annual-reports
9. Tesla Vehicle Safety Report
https://www.tesla.com/VehicleSafetyReport
10. KOSIS, 「소득 10분위별 가구당 가계수지(전국, 2인 이상)」 참조
11. 「내년 대학진학률 24%선」, 《중앙일보》 1987. 5. 12.
12. BP, 「BP Statistical Review of World Energy 2019(68th edition)」 기준

에필로그

1. 이석호·조일현, 『국제 신재생에너지 정책변화 및 시장분석』, 에너지경제연구원 2018. 12. p.15

• 이 책의 주석을 기술할 때는 『건축용어사전』(현대건축관련용어편찬위원회, 성안당), 『물백과사전』(물정보포털 'K-water'), 『시사상식사전』(pmg 지식엔진연구소, 박문각), 『지형 공간정보체계 용어사전』(이강원·손호웅, 구미서관), 『토목용어사전』(토목관련용어편찬위원회, 도서출판 탐구원), 『한경 경제용어사전』(한국경제신문/한경닷컴), 『한국민족문화대백과』(한국학중앙연구원), 『환경공학용어사전』(환경용어연구회, 성안당), 『행정학 사전』(이종수, 대영문화사), 『IT용어사전』(한국정보통신기술협회) 등을 참고했습니다.

아파트가 어때서

문명과 사회를 바라보는 관점을 바꾸다

발행일 2020년 11월 6일 초판1쇄
2020년 12월 24일 초판2쇄

지은이 양동신
편집 박성열, 정혜인
디자인 김진성
인쇄·제본 상지사P&B

발행인 박성열
발행처 도서출판 사이드웨이
출판등록 2017년 4월 4일 제406-2017-000041호
주소 경기도 파주시 노을빛로 101-20, 202호
전화 031)935-4027 팩스 031)935-4028
이메일 sideway.books@gmail.com

ISBN 979-11-963491-8-9 03540